水稻提质增效营养富硒技术研究与应用

主　编　钱　华　陈书强　薛菁芳
副主编　闫　平　聂守军　孙世臣
冯延江　程殿昌　孙振兴

哈爾濱工程大學出版社
Harbin Engineering University Press

内容简介

硒是人体必需的微量元素，具有抗癌、抗衰老、解除重金属毒害、增强免疫力等重要作用，被科学家誉为"生命之火""抗癌之王""长寿元素"等。富硒农产品是指在天然富硒土壤环境中或施用富硒肥料生产出的农产品，食用富硒农产品被公认为是最安全、最有效、最科学的补硒方法。"提质增效营养富硒技术"不仅能为缺硒地区生产的农产品赋硒，更重要的是能够提高农作物产量、增强其抗逆与抗病性等，受到农户、企业和农业技术推广部门的好评。

本书可为农业科研人员开展水稻提质增效营养富硒技术研究提供参考。

图书在版编目(CIP)数据

水稻提质增效营养富硒技术研究与应用/钱华，陈书强，薛菁芳主编. —哈尔滨：哈尔滨工程大学出版社，2022.1

ISBN 978-7-5661-3385-4

Ⅰ. ①水… Ⅱ. ①钱… ②陈… ③薛… Ⅲ. ①水稻栽培-研究 Ⅳ. ①S511

中国版本图书馆 CIP 数据核字(2021)第 281361 号

选题策划 薛 力 张志雯
责任编辑 张 彦 王雨石
封面设计 李海波

水稻提质增效营养富硒技术研究与应用
SHUIDAO TIZHI ZENGXIAO YINGYANG FUXI JISHU YANJIU YU YINGYONG

出版发行 哈尔滨工程大学出版社
社　　址 哈尔滨市南岗区南通大街 145 号
邮政编码 150001
发行电话 0451-82519328
传　　真 0451-82519699
经　　销 新华书店
印　　刷 哈尔滨午阳印刷有限公司
开　　本 787 mm×1 092 mm 1/16
印　　张 7.75
字　　数 193 千字
版　　次 2022 年 1 月第 1 版
印　　次 2022 年 1 月第 1 次印刷
定　　价 68.00 元
http://www.hrbeupress.com
E-mail:heupress@hrbeu.edu.cn

编　委　会

序

硒是一个看起来普通却又十分神奇的元素。它是人体必需的微量元素，能够有效预防高血压、心脏病、克山病、大骨节病等 40 多种疾病，有“生命之火”“抗癌之王”“长寿元素”之称。全世界 42 个国家和地区缺硒，我国有 72% 的地区处于缺硒和低硒的环境之中。

黑龙江省地处我国高纬度、高寒地区，是国家粮食安全的“压舱石”和农业科技创新的“排头兵”。多年来，黑龙江省的农业科研人员致力于富硒农业的研究，研发出的产品不仅是绿色的、有机的，而且是天然富硒的，正是人们天然补硒、健康养生的最佳选择。尤其是近两年国家对硒的研究更加重视，国内外多位专家纷纷提出“补硒抗自由基损伤”等科学观点，这无疑也是富硒产品抢占市场的“硬核”优势。

正当我呼吁农业科研人员应该加大对功能农业的研究力度时，由黑龙江省农业科学院编撰的《水稻提质增效营养富硒技术研究与应用》一书摆到了我的案头。详细阅读后，我难掩兴奋之情，希望让更多的农业人读到这本书。这部论著将黑龙江省独特的地理区位资源与功能农业进行了“重组”，赋予其新的地域内涵。全书系统地介绍了富硒水稻的营养、产量和品质现状，凝练了国际、国内富硒水稻研究中的最新成果，总结了黑龙江省水稻优质高效富硒技术的研究进展，使读者可以全面地了解高纬度地区富硒农业的发展状况。该书极具特色，在众多功能农业的图书中突出地方特色，实属凤毛麟角。

物以“硒”为贵，希望在我们农业科研工作者的共同努力下，在“硒”望的田野上能够结出更多丰硕的成果，让中国百姓的碗里不但装满自己的粮食，更装满营养、健康的粮食。

胡培松

2022年1月7日

前言

硒是人体必需的微量元素，具有抗癌、抗衰老、解除重金属毒害、增强免疫力等重要作用，被科学家誉为“生命之火”“抗癌之王”“长寿元素”等。富硒农产品是指在天然富硒土壤环境中或施用富硒肥料生产出的农产品，食用这样的农产品被公认为是最安全、最有效、最科学的补硒方法。在我国居民对健康及食品营养日益关注的背景下，开发利用硒资源、发展富硒农产品的热潮在国内方兴未艾。

黑龙江省是农业大省，在发展政策上强调“要打造绿色有机、非转基因、富硒等龙江特色农业品牌，发展科技农业、绿色农业、质量农业、品牌农业，提高农业比较效益，促进持续稳定增收”。可见，发展富硒农业是促进黑土富硒产业发展的核心，是乡村振兴的重要抓手，是全民健康的重要保障，是实现农业高质量发展的有力支撑。

黑龙江省农业科学院作为全省农业科研的龙头单位，多年来一直致力于把发展绿色农业、富硒产业作为质量兴农、品牌强农、特色富农的具体实践，深入开展了富硒技术和富硒产业的研究与探索，建立了农民增收、企业增效、政府增税的一系列发展新模式，促进了产业链、科技链和价值链的有效连接，带动了地方经济发展，为黑龙江省实现粮食生产“十八连丰”提供了强大的科技支撑。

“提质增效营养富硒技术”不仅能为缺硒地区生产的农产品赋硒，更重要的是能够提高农作物产量、增强抗逆与抗病性、促进早熟、提升品质、增加效益，而且已经多年在国内多地对多种农作物开展了富硒示范推广，效果显著，深受农户、企业和农技推广部门的好评。开辟了农业提质增效、农民持续增收、企业持续增效和产业链不断延伸的良好局面。

本书为农业科研人员开展水稻提质增效营养富硒技术研究提供参考，为农户掌握先进的提质营养富硒技术提供方便，为企业增效提供技术支撑。同时，本书也为富硒产业发展和农业高质量发展开辟了新的途径，以打造乡村振兴产业发展的新高地。

本书共分为七章。第一章绪论由丁国华、孙世臣、曹良子、崔潇、冯延江、于艳敏撰写，第二章国内外水稻优质富硒栽培技术由徐振华、闫平、王家有、黄元炬、刘宝海、吴立成、吴春丽、张佳、马成撰写，第三章黑龙江省水稻优质高效富硒技术进展由高世伟、聂守军、李国泰、刘凯、吴宏达、刘宇强、刘晴、冷玲、赵杨、高大伟、常汇琳撰写，第四章水稻提质增效营养富硒技术研究由钱华、曾宪楠、张喜娟、王麒、陈松鹏撰写，第五章黑龙江省水稻提质增效富硒营养栽培技术由陈书强、薛菁芳、杜晓东、赵海新、程殿昌、孙振兴撰写，第六章水稻提质增效营养富硒技术实际案例由徐振华、魏才强、胡月婷、张喜娟、李洪亮、马文东撰写，第七章展望由蔡永盛、杨丽敏、周通撰写。全书由王红蕾、王麒、马文东统稿。

编　者

2022 年 1 月

目　录

第一章 绪 论

第一节 当前水稻提质增效需求

一、我国水稻生产、消费及收储概况

水稻是我国重要的粮食作物，全国 70% 的人以稻米为主食，水稻在保障我国粮食安全方面发挥着巨大作用。我国为鼓励稻农种稻热情，有力保障粮食安全，从 2004 年起实行水稻最低收购价政策，同时国家还制定了最低收购价预案以防止水稻的市场价低于最低收购价（表 1－1）。国家制定各种政策保障农民利益，稳定农业的发展。2007 年为进一步发展农村经济，提前进入小康社会，国家提出一系列农业补贴政策，提出对重点地区不同种类的粮食分不同政策进行补贴，以降低农民损失，提高农民种植积极性。同时提出要着手发展现代农业，从多方面稳定农业发展，要保障农民技术得到支持、资金得到支持，来完善农业经济体系。2008 年，为进一步保障农民收益、促进农业发展，国家完善了一些补贴政策，农民收益持续上升，2009 年新粮上市起，稻谷最低收购价格较大幅度提高。由于国家政策持续利好，农民种稻积极性日益高涨，水稻产量连年上升。2020 年我国水稻种植面积达到 3 007.6 hm^2（图 1－1），水稻总产量达到 2.118 6 亿 t，水稻总产量已经连续十年超过 2 亿 t，占全国粮食总产量的 31.6% 左右（www.stats.gov.cn）。从上述数据可见水稻的持续高产稳产对于保障国家的粮食安全至关重要，基本能够满足国内人民“吃得饱”的总量需求。

表 1－1 2004 年以业稻谷最低收购价统计[①] 单位：元/斤[②]

年份	早籼稻	中晚籼稻	粳稻
2004	0.7	0.72	0.75
2005	0.7	0.72	0.75
2006	0.7	0.72	0.75

① 资料来源：2020 年黑龙江水稻市场分析报告。

② 1 斤＝0.5 千克（kg）。

表 1-1(续)

年份	早籼稻	中晚籼稻	粳稻
2007	0.7	0.72	0.75
2008	0.75	0.76	0.79
2009	0.9	0.92	0.95
2010	0.93	0.97	1.05
2011	1.02	1.07	1.28
2012	1.2	1.25	1.4
2013	1.32	1.35	1.5
2014	1.35	1.38	1.55
2015	1.35	1.38	1.55
2016	1.33	1.38	1.55
2017	1.3	1.36	1.5
2018	1.2	1.26	1.3
2019	1.2	1.26	1.3
2020	1.21	1.27	1.3
2021	1.22	1.28	1.3

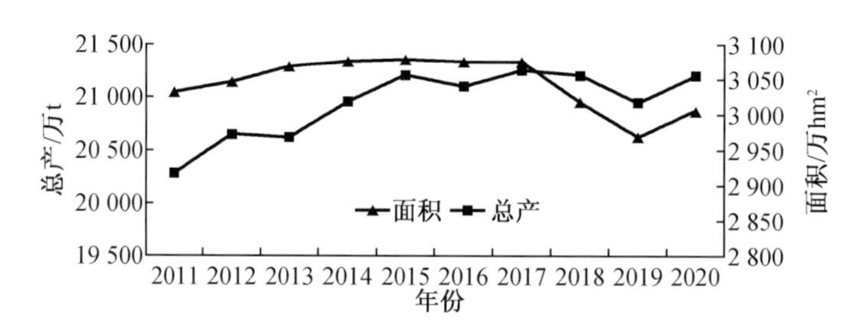

图 1-1 2011—2020 年我国水稻面积总产图

2012 年以来全国稻米一直呈现供大于需的情况,我国大部分地区稻米出现了库存高的情况。这是因为随着人民生活水平的提高,稻米消费由传统的“吃得饱”向“吃得好、吃得营养、吃得健康”转变,消费者更加关注稻米品质、品牌。由于国外稻米品质和营养价值较高,正是满足了我国人民日益增长的对优质、营养食物的需求,因此在稻谷总量充足的情况下,我国的稻米进口量每年都超过 200 万 t,2020 年我国进口大米 294.3 万 t(图 1-2、图 1-3),比 2019 年增长 15.6 %。

一方面是国产普通稻谷库存量较大,供应充足,甚至供大于求;另一方面是优质、营养功能型稻谷每年大量进口,供不应求。这一矛盾反映出我国稻米的品质尚不能满足人民日益增长的对稻米营养、功能多元化的需求。如何解决稻米产业中存在的供需、产销间的矛盾,提升日益下降的种稻效益,保障稻农收益,维护稻农种稻积极性的问题日益紧迫。实践证明,稻米功能化——水稻富硒是解决这一矛盾的较好途径之一。

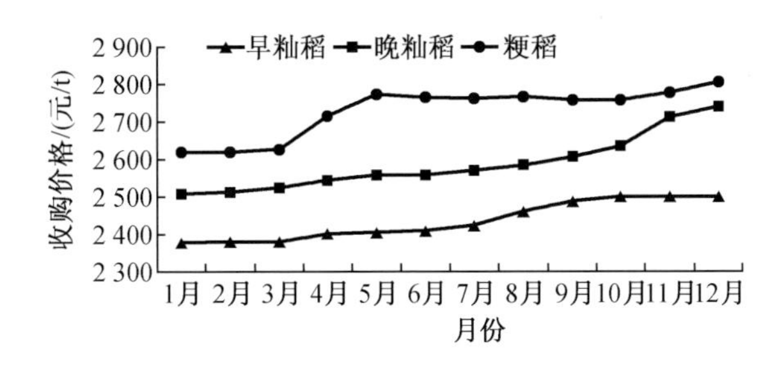

图 1-2 2020 年 1—12 月我国稻谷市场收购价格变化

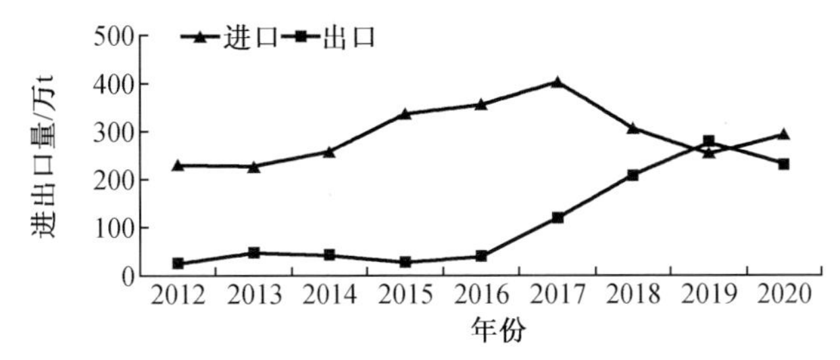

图 1-3 2012—2020 年我国大米进出口数量变化①

二、黑龙江省水稻产需概况

黑龙江省气候条件适合粳稻的种植且粳稻单产量高于春小麦,所以黑龙江省对水稻越来越重视,水稻种植面积逐年增加。2004 年国家相关政策制定以来,黑龙江地区的粳稻种植快速发展,面积和产量逐年攀升,早已成为我国水稻生产第一大省,且商品率高(超过 60%),是保障我国粮食安全,特别是口粮安全的“压舱石”。2020 年黑龙江省水稻面积达到5 926.3 万亩②,总产量 2 896 万 t(表 1-2),居全国之首。总产量较高加之水稻供需结构发生了深刻变化,人们对优质稻米、功能稻米(富硒米、富锗米、低蛋白米、高蛋白米等)需求越来越多,使黑龙江省粳稻库存堆积现象日益严重(表 1-3),且稻农只能将绝大部分稻谷送到国储库,随着保护收购价格的下降,种植成本的攀升,稻农种稻收益已是今非昔比。

① 资料来源:2020 年我国水稻产业形式分析及 2021 年展望。

② 1 亩≈666.67 平方米(m^2)。

表 1-2　2016—2020 年黑龙江省粳稻生产情况统计表[1]

年份	播种面积/万亩	总产量/万 t	亩产/斤
2016	4 805	2 255.3	938.7
2017	5 923.3	2 819.3	951.9
2018	5 924.3	2 685.5	946.2
2019	5 925.3	2 663.5	931.5
2020	5 926.3	2 896	997.2

表 1-3　黑龙江水稻供需平衡表

单位:万 t

年度	总供给(产量)	食用消费	其他消费	结余
2018—2019	2 685.5	426.0	241.6	2 017.9
2019—2020	2 662.9	424.6	241.5	1 996.8
2020—2021	2 713.1	426.0	231.9	2 055.2

面临黑龙江乃至全国水稻产业现实问题,要想维持并提高稻农种稻收益,保证稻农种稻积极性,保障我国粮食安全,必须改变思路,提升稻谷附加值,以改变普遍存在的高产不高效、优质不优价的问题。早在 2015 年国家就提出农业供给侧结构性改革,在水稻种植方面,提倡种植优质米和功能米以提高质量及提升市场竞争力,扩大销路并增加水稻种植附加值。

黑龙江省农业科学院水稻富硒研究团队在钱华研究员的带领下,经过多年耕耘与潜心研究,创建了适应寒地水稻生产的"水稻提质增效营养富硒技术",该技术能够显著提升水稻产量及品质,增加水稻的附加值,使普通水稻"摇身一变"成为富硒功能米,富了种稻的农民,更是为消费者带来了健康福音,增强了龙江大米的市场竞争力与知名度,助力龙江大米开拓新局面、占领新市场。经过多年研究与实践,该项技术在黑龙江省内水稻主产区得到了广泛推广与应用,效果显著,深受政府、农户、企业的好评,开辟了政府提倡的水稻提质增效、农民持续增收、企业持续增效和水稻产业链不断延伸的良好局面。

① 数据来源:2016—2019 年为国家统计局数据,2020 年为国家统计局黑龙江调查总队数据。

第二节 水稻营养、产量和品质现状

一、稻米营养成分

水稻是世界上主要粮食作物之一，其种植区域分布广泛，是东南亚地区人群每日的主食，为人体提供热量并满足人体部分蛋白质、维生素和矿物质的需求。稻米由皮层、胚乳和胚三部分构成。皮层由果皮、种皮、珠心层和糊粉层等构成，包裹在胚和胚乳外面。胚乳的外层为糊粉层或亚糊粉层，内部为富含淀粉的胚乳细胞。稻米的营养成分主要包括碳水化合物、蛋白质、脂类、氨基酸、矿物质、维生素和膳食纤维等几大类，包含近百种营养组分和生理活性物质（表1－4）。其中，淀粉、蛋白质、脂肪及水分所占稻米总组分的比例分别约为80%～85%、4%～10%、1%、10%。稻米皮层含有铁、锌、硒和锰等微量营养元素和膳食纤维，胚中含有γ－氨基丁酸、叶酸、生育酚、谷胱甘肽和谷维素等多种生理活性成分，而胚乳中则富含淀粉，是主要的食用部分和食品原料、辅料。其中，硒是人体必不可少的微量元素，谷物中的硒含量一般在1～55 μg/kg，我国稻谷中硒含量因产地土壤硒含量差异而存在显著差异，苏州、太原、广州等地区的稻米硒含量为24～58 μg/kg，而克山病发生地区稻米中硒含量仅为6 μg/kg，硒含量极低。对全球众多大米样本调查发现，75%的大米无法满足人体每日对硒元素的需求。因此，进行富硒大米生产，提高可食用部分的硒含量十分必要。

表1－4 水稻主要营养元素及其含量[①]

名称	每100 g含量/mg
铁	8
锌	3.78
镁	12
维生素B_1	0.35
维生素E	0.7
钾	270.67
钙	25.67
蛋白质	12.7
氨基丁酸	22

① 资料来源：水稻营养元素促进人体健康的研究。

此外，稻米中还含有一些抗营养成分，如植酸、凝集素、巯基蛋白酶抑制剂、过敏原蛋白等。对比分析营养成分发现，稻米的氨基酸评分（amino acid score，AAS）达到68，与其他主要谷物如小麦（中筋粉，氨基酸评分为43）和玉米（玉米粗粉，氨基酸评分为35）相比，赖氨酸和含硫氨基酸成分较高，能提供更完整和均衡的氨基酸养分。市场上销售的大米多为经过精细加工及工艺处理过的精米（或精白米/整精米），是糙米经过碾米、抛光去掉糊粉层及其以外的部分所得，由于过度精加工，营养成分较糙米或胚芽米等粗加工产品均有极大的损耗。因此，要想获得更好的营养成分不建议对大米过度加工，应多食用糙米。改善稻米营养物质含量，一方面要通过农艺管理的外源附着技术，这在提高稻米矿物质元素含量方面的效果显得尤为突出。比如，在特定管理条件下，通过施加锌、硒和铁等叶面肥料，可以使其含量分别提高约36.7 %、194.1 %和37.1 %。另一方面，通过育种方式提高稻米中的营养组分也是一种较好的方式，在保证水稻产量不变（或增加）的情况下，充分利用水稻广泛的多样性的基因型，来提升新品系的营养价值。

稻米各成分中淀粉是最重要的组成部分，可分为直链淀粉和支链淀粉，两者的含量和比例及精细结构对水稻品质至关重要。蛋白质是影响水稻品质的另一重要营养成分，且其是维持人体生命循环的基本物质保证，在营养代谢中有不可替代的作用。稻米蛋白质含有20多种氨基酸，是氨基酸搭配比较全面的营养来源。脂类是稻米能量储藏的最佳方式，是稻米进行生命及代谢活动的主要能量来源，脂类在稻米中含量约为0.6%～3.9%，主要由亚油酸(50%)、亚麻酸、油酸、软脂酸、硬脂酸和十四（烷）酸组成。稻米的脂肪可分为非淀粉脂和淀粉脂，非淀粉脂储藏在糊粉层中，因此，稻米出糙后的精米中多为优质不饱和脂肪酸或直链淀粉——脂肪复合体。一般而言，油脂含量越高，营养价值也越高，同时米饭光泽度也越好。稻米中维生素多属于水溶性B族维生素，其中以B_1和B_2最为重要，这两种维生素是人体许多辅酶的组成成分，有增加食欲、促进生长的功效。矿物质主要存在于稻壳、胚和皮层中，白米中存在大量的钠和钙元素，含量分别为63%和74%。这些组成在质和量上的差异，对稻米的品质起着决定性的作用。其中，淀粉和蛋白质是最主要的影响因子。淀粉的理化特性，如直链淀粉含量（ACC）和淀粉谱黏滞特性（RVA），决定了包括食味品质在内的稻米品质的各个方面。

二、水稻品质及影响因素

目前，中国稻米品质表现总体偏低，在一定程度上影响了其市场竞争力。稻米品质属综合性状，是指稻米或稻米相关产品满足消费者或生产加工需求的各种特性，主要涉及稻米的物理和化学特性，包括精米率、米粒形状、透明度、蒸煮时间、米饭质地与香味、冷饭质地以及营养成分等指标。除上述各项之外还包括外观品质（垩白率、垩白度、粒型等）、碾磨加工品质（出糙米率、精米率、整精米率等）、蒸煮食味品质（直链淀粉含量、胶稠度、糊化温度等）、营养品质（蛋白质含量、维生素含量、矿物质含量等）和功能性品质（富硒米、低谷蛋白、高抗性淀粉、高γ-氨基丁酸等）。外观品质一般指精米物理特性，大多从精米的形状、垩白性状、透明度、大小等外表来判断，精米形状一般指精米的长、宽及其比值，垩白指的是稻米中由于淀粉充实度不够而导致的白色不透明的部分，垩白性状主要指垩白的大小，一般由垩白度和垩白粒表示（王忠等，2003）。碾米品质指稻谷在碾磨等加工过程中表现出来的特性，一般用来衡量碾米品质的指标主要有：糙米率、精米率、整精米率（王忠等，2003）。糙米率指糙米占稻谷的比值，而精米率指精米占稻谷的比值，一般精米率在碾米品质当中较为重要，代表着相同的稻谷碾出精米的质量不一样，一般精米率越高，经济价值越高。蒸煮品质是指稻米在蒸煮过程中所表现出来的特性，这与水稻淀粉的糊化特性有关，蒸煮品质包括直链淀粉含量、糊化温度、胶稠度、米粒伸长性，胶稠度和糊化温度与直链淀粉含量密切相关（王忠等，2003）。食味品质是指米饭在咀嚼时给人的味觉感官所留下的印象，如米饭的黏性、弹性、硬度以及香味等，一般认为食味品质好的米饭应柔软而有弹性，稍有香味和甜味，一般认为蒸煮品质和食味品质是相关联的，故一般将蒸煮品质和食味品质称为蒸煮食味品质（王忠等，2003）。近年来，在日本发展起来了可见光/近红外光谱分析技术测定稻米食味品质的方法，由于蒸煮米饭费时费力，因此研制出了能测定稻米蒸煮食味品质的仪器——“食味计”，它能对煮好的米饭加以测定，并以其综合数值（食味值）的大小表示食味品质的高低：食味值大则食味好（朱玫等，2016）。通常，品质较好的水稻品种的 AAC 低，峰值黏度（peak viscosity，PV）高，最终黏度（cold paste viscosity，CPV）低，消减值（setback，SB）低，GT 值低，凝胶硬度（hardness，HD）低，蛋白质含量低，黏性高等特征（Hori 等，2016）。探索水稻品质与各种理化特性之间的相关性，可以为改善水稻食味品质提供理论依据。

水稻品质是十分复杂的性状，影响水稻品质的因素众多，包括品种、环境、栽培措施及其他调控手段。其中，品种是决定性的因素，不同品种的遗传基础不同，这也是造成不同水稻品种品质差异的内在因素。目前普遍认为稻米的加工和外观品质主要受母体基因型控制。有研究表明，稻米蒸煮食味品质性状受主效基因的控制和微效基因的修饰，直链淀粉含量受控于 1 个主效基因和几个修饰基因；蛋白质含量的遗传力很低，易受环境条件的影响，受几对主效基因和一些微效基因所控制；胶稠度则表现为数量性状，与糊化温度和直链淀粉含量具有极相似的遗传特性。环境因素是影响稻米品质的另一重要因素，主要包括温度、光照条件、湿度和土壤环境等。温度是最活跃的因素，通常认为从抽穗到成熟期气温控制在 20～30 ℃利于米质改善。结实期遭遇高温，会加快籽粒灌浆进程，导致籽粒充实度差而降低碾磨品质和食味品质（郑苹立等，2006）。程方民等指出水稻抽穗后的前 20 d 是温度影响直链淀粉含量的关键时段。高温使得稻米糊化温度升高（李欣等，1989）。张三元等（2008）对比优质稻种在不同生长环境下，发现在中、西部稻区影响食味的关键要素是蛋白质，直链淀粉影响不显著；而影响东部稻区的关键要素两者都有。龚红兵等（2013）比较了不同水稻品种在江苏、海南这两种生态条件下食味品质变化，发现江苏粳稻食味变化明显；只有中熟中粳稻在海南食味值略有提升，其他 3 种均有下降。栽培措施对稻米品质的影响也是不容忽略的。施肥方式、施肥量、播期、栽插密度、管理模式等都对稻米食味品质有重要影响。对施氮量、直链淀粉含量、蛋白质和食味品质几者关系的研究已取得较为一致的结论。大多数研究认为施氮量与食味品质呈负相关，但也有不同观点：张俊国等(2010)、赵居生等(2004)和陆勇福等(2005)发现高氮条件下蛋白含量上升幅度大于直链淀粉含量上升幅度，米饭硬度增加，外观、黏性和食味值下降；而陈莹莹等(2012)研究发现增施氮肥会降低食味品质，但因品种敏感程度不一，响应迟缓的品种在高氮条件下也能获得高食味值；姜元华等(2015)和赵可等(2014)发现施氮量与食味指标并不是简单的负相关，不同施氮水平下对各食味指标的调控作用方向也会发生变化。胡群等(2017)比较了氮肥运筹对江苏优质食味稻种食味品质的影响，发现随着基蘖肥比例降低、穗肥比例加大，食味指标中香气、味道、光泽和口感降低。关于氮素水平对 RVA 谱特征值的影响，众多研究得出较为一致的结论：随着氮素营养的增加，消减值逐渐提高，峰值黏度、热浆黏度、最终黏度、崩解值逐渐下降或变小(徐大勇等，2004；刘建等，2004)。李建国等(2008)研究发现适当推迟播期和移栽期虽会降低产量但利于食味品质的改善。王爱辉等(2013)发现早育苗早插秧可提高精米率，降低整精米率而提高糊化温度、粗蛋白质，使胶稠度变硬。殷春渊等(2015)比较不同栽插密度发现，在中低密度下食味品质较好；种植密度增加，RVA 谱峰值黏度、热浆黏度和最终黏度均下降，不利于食味品质提升(乔中英等，2015)。顾俊荣等(2015)发现通过全生育期轻干湿交替灌溉与实地氮肥管理技术联用，RVA 黏滞谱改善并提高了蒸煮食味品质。黄丽芬等(2015)比较了有机和常规栽培方式对杂交粳稻和常规粳稻产量和品质的影响，发现有机栽培略微降低了杂交粳稻的加工品质，但显著改善了外观品质，提高了胶稠度、降低了直链淀粉含量，对蛋白质含量影响较小，总体上改善了蒸煮食味品质。还有研究报道采收期对稻米食味品质也有影响(徐兴风等，2013)：适当提前采收的轴米感官评价优于正常采收的轴米，特别是在改善米饭的甜度与食味值方面；但收割过早，青米多也会影响碾磨品质，降低食味。

黑龙江省农业科学院水稻提质增效营养富硒研究团队研发的"寒地水稻提质增效营养富硒技术"能够显著提升水稻的加工品质、外观品质、食味品质及营养品质。与普通种植模式比，利用该技术为水稻富硒后稻谷出米率提高 2%～3%；大米外观品质得到极大提升，米粒呈晶莹剔透状，稻米的垩白度和垩白粒率显著降低；食味品质显著改善，食味评分提高 1.5～10 分，口感变得极佳；营养品质也进一步改善，硒含量达到 120～280 μg/kg，按普通人的饮食习惯，基本能够满足人体每天对硒的需求量。

三、水稻产量现状

产量是水稻的另一重要农艺性状，建立在较高产量上的优质才具有实际意义。水稻产量的变迁是建立在水稻育种进步的基础上的。我国的水稻育种经历了矮化育种、杂种优势利用和绿色超级稻培育 3 次飞跃(图 1－4)，其间伴随矮化育种(第一次绿色革命)、三系杂交稻培育、二系杂交稻培育、亚种间杂种优势利用、理想株型育种和绿色超级稻培育等 6 个重要历程。育种目标从唯产量是举到高抗、优质和高产并重，育种理念从高产优质逐步提升为"少投入,多产出,保护环境"。水稻功能基因组研究为第二次绿色革命准备了大量的有重要利用价值的基因,水稻育种正迈向设计育种的新时代。基因组选择技术和转基因技术将为培育"少打农药,少施化肥,节水抗旱,优质高产"绿色超级稻保驾护航。近年来,我国水稻生产方式发生了且正在发生巨大变革,育种理念也要与时俱进。未来,杂交育种技术要与现代育种技术紧密结合,选育水稻品种不仅要高产,而且要优质高抗,更要满足绿色健康功能化的市场需求,同时还要适应新耕作制度和新耕作方法。

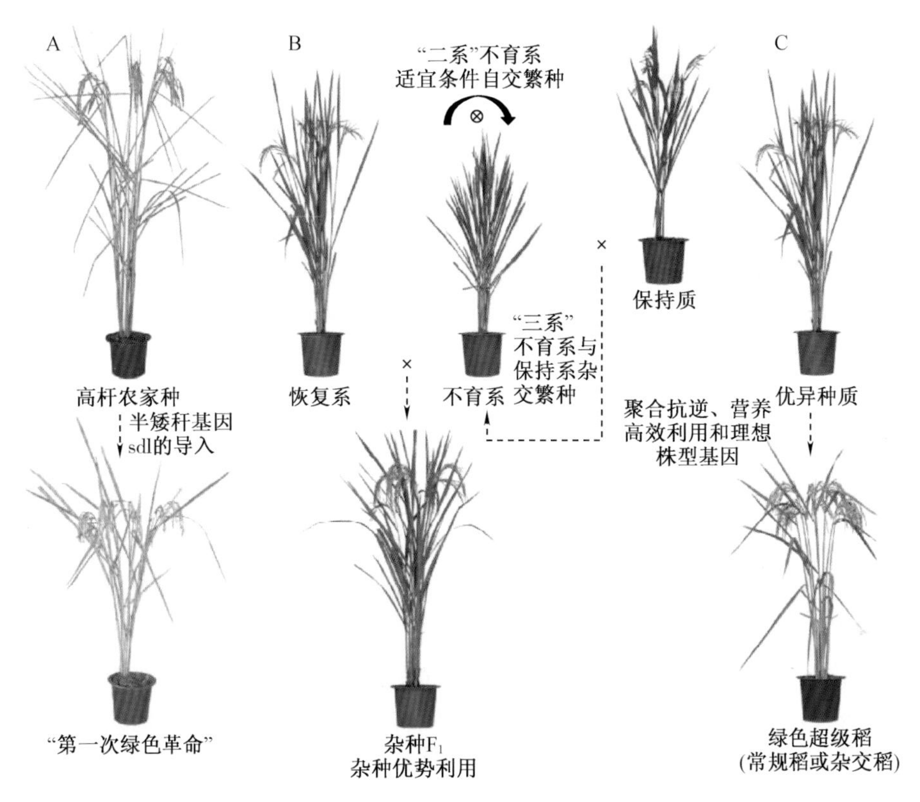

A—半矮秆基因 sdl 利用以及半矮秆水稻品种培育促成"第一次绿色革命";

B—不育系和恢复系配制杂种促进杂种优势的利用;

C—抗逆、养分高效利用和理想株型等有利基因的发掘促进绿色超级稻的培育。

图 1-4 水稻遗传育种经历的 3 次飞跃[①]

提高作物产量、改善作物品质是育种、栽培研究者的重要任务。长期以来,众多的研究认为高产与优质是一对矛盾,协调高产与优质的关系是作物学研究的难点和热点问题。水稻产量和品质形成的共同基础是碳水化合物、蛋白质等。因此,要协调产量和品质间的关系,必须将物质的生产、转运与分配和库容活性等方面作为一个整体进行综合分析,才

① 资料来源:中国水稻遗传育种历程与展望。

有可能揭示二者之间的本质关系。

由上述内容可知,水稻品质、产量及其相互关系十分复杂。影响水稻品质、产量的因素众多,那么外源施硒对水稻品质、产量影响如何?下面做简单探讨。

四、施硒与品质、产量关系简介

通过人工施硒来增加作物中硒含量的方式有很多,由于无机硒不能够被直接食用,因此可通过植物体转化成能被人食用的有机硒,主要是通过给植物施加亚硒酸盐等无机硒盐从而达到提高植物体内硒含量的目的。而当前主要的施硒方法主要包括土壤施硒、拌种、叶面喷施、水培喷硒和其他施硒方法。

土壤施硒是在多种人工施硒方式中相较而言最简单有效的补硒方式,可以直接灌溉或者直接施于土壤耕作层里,能够有效地提高植株体内和籽粒内的硒含量。在对土壤进行施硒肥过程中,以氮、磷、钾作底肥,根据不同类型土壤进行相应的硒肥实验,制定符合土壤的适宜硒肥浓度,才有可能达到预期的效果。但是土壤施硒耗硒量相对较大,投资高,且易污染环境,受天气、环境影响比较大,容易造成硒肥浪费,有一定的局限性。同时前人相关试验也表明虽然土壤施硒利用率较低,但是也能达到富硒效果。

拌种是在种子播种前,用配制好的一定浓度的亚硒酸钠溶液浸泡种子,前人的实验表明,在植株成熟收获后,籽粒中硒含量与亚硒酸钠用量具有显著的正相关关系。同时,在浓度适量范围内,亚硒酸钠拌种会提高种子初期的出苗率和成活率,但是浓度过高则会对种子的发芽起到一定抑制作用,而且种子品种和品质不同也会呈现出不同的效果。一般情况下,拌种浓度小于 15 g/hm^2 时,会促进出苗率和成活率;超过一定拌种浓度(60 g/hm^2)则会抑制出苗率、成活率和干物质的累积。相关试验也证明拌种能够增加籽粒中的硒含量,郑阳等的糯玉米拌种试验和曹大领等的小麦腐殖酸有机富硒肥拌种试验分别得到玉米籽粒硒含量达到 0.363 mg/kg 和小麦籽粒硒含量达到 0.552 mg/kg 的结果。但是拌种的操作过程和拌种用量等不易把控,最适宜拌种用量还有待进一步考究。

叶面喷施是在作物生长适宜期内,将富硒叶面肥按照一定比例喷施到植物叶面,通过植物叶片吸收转运至植物体内其他部位,综合前人研究经验来看,叶面肥一般分次喷施会达到更好的补硒效果。李彦等通过对东北地区农作物进行叶面喷施硒肥的方式,使得农作物籽粒中硒含量提升 3 倍多。陈历程等在对江苏多个水稻品种施硒的研究中发现,水稻齐穗期喷施富硒叶面肥 20 g/hm^2(浓度 25 mg/L),可以使得大米中硒含量比原来提高 0.400～0.569 mg/kg。喷施叶面肥可以提高硒的利用率,减少土壤污染,在各个富硒植物研究中也得到了广泛的应用。对苹果树采取土壤表面施硒、叶面施硒、土壤深层施硒三种不同处理方法的试验结果证明,利用叶面喷施的方式对苹果树进行硒肥喷施,可以使苹果硒含量显著增加。

水培施硒属于人工施硒的一种,在蔬菜的种植上应用广泛,前人已在番茄等蔬菜上进行了验证,并且在试验中还证明了施硒浓度过高会不利于番茄生长,较低硒浓度溶液可对番茄的生长起到一定的促进作用，硫和硒还具有拮抗作用。水培施硒方式在植株整个生长培育过程中对硒溶液浓度的要求相对较高，再加上水培施硒方式的专业化以及实验条件的有限性，在大范围的推广应用上条件还不够成熟。总的来说，随着农业现代化的发展，富硒植物的培育方式也将更多更方便，但是施硒方式的不同、植物品种的不同、地区环境的不同以及土壤性质的不同都会对植物的富硒效果产生不一样的影响。在日常农事生产实践过程中，应该考虑多种不同因素的影响，因地制宜，找出适合本地区富硒农产品发展的道路。

水稻富硒方式多种多样，据研究，叶面喷施效果最佳，水稻吸收利用率较高，同时，减少了土壤施硒和拌种造成的污染问题，总的来说，通过人工叶面喷施硒来增加水稻植物体内硒含量是现在大面积应用的已证实切实可行的方法（表1－5）。

表1－5　水稻富硒化的部分研究实验①

硒肥	施硒方式	施硒时期	施硒量	结果
硒酸钠	土壤施硒和叶面喷施	扬花期	土壤添加0.75 mg；喷施50 μmol/L	叶面喷硒处理的籽粒硒分配系数为土壤施硒的2倍
	叶面喷施	扬花期	11.25～45.00 g/hm^2	水稻的最佳喷硒时期是在扬花后期
	土壤施硒	移栽前	0.5～1.0 mg/kg	建议选用0.50 mg/kg亚硒酸钠作为硒肥使用：以pH值较高的紫色土上施用效果最好
亚硒酸钠	叶面喷施	分蘖期	0～10 mg/L	籽粒硒浓度达到0.022～0.362 mg/kg
		孕穗期		
		灌浆期		
	土壤施硒	移栽前	0～3 mg/kg	提高稻米硒含量0.71～16.36倍
亚硒酸钠和螯合硒	叶面喷施	齐穗期	0.5～2.5 g/hm^2	喷施2.5 g/hm^{2}亚硒酸钠处理中，糙米含硒量最高
亚硒酸钠和硒酸钠	叶面喷施	分蘖末期 抽穗期	75 mg/L	提高籽粒硒浓度达到0.44～2.71 mg/kg

在特定实验条件下，叶面喷施硒肥可以显著改善稻米的品质，在适宜的喷施硒肥浓度下，能够降低稻米垩白度，提高水稻糙米率和整精米率，同时可以提高稻米的胶稠度和稻米中蛋白质含量，改善稻米营养品质。施硒对水稻品质也不全是正向的影响，施硒会引起大米中直链淀粉含量增加，在一定程度上影响大米的蒸煮品质。孙亚波等的研究表明喷施富硒叶面肥可以有效地提高水稻的有效穗数和千粒重，平均分别比对照组（CK）增加了8.81%和

① 资料来源：富硒水稻的生理生化特性及其硒蛋白抗氧化活性研究。

2.77%,但是水稻株高和实粒数没有明显变化,喷施硒肥后增产幅度为0.50%~17.41%。总之,在配制水稻叶面富硒肥时,不同地块、不同环境条件都应该有最适宜喷施的硒浓度,要因地制宜。

黑龙江省农业科学院水稻富硒研究团队研发的"寒地水稻提质增效营养富硒技术"通过叶面喷施生物活性硒营养液能够显著提升水稻产量,增产幅度达10%~15%,其原因是水稻富硒后,水稻群体抗倒伏能力显著增强,功能叶片生理功能得到极大改善,群体光合能力和光合势明显增强,花后干物质转化效率显著增大,稻谷结实率提升、千粒重增大。

第三节 富硒营养对品质的提升

一、硒的概述

1817年,科研人员在实验过程中发现了硒(Selenium,元素符号Se)。硒属于硫族元素,与硫的化学性质相似。硒在地壳中的含量极低且较为分散,因此被列为稀散元素之一。1973年,硒在营养和保健方面的奇异功效在发达国家引起轰动,得到了世界各国的广泛认可。1984年,硒被正式认定为人体不可或缺的微量营养元素。研究证明,人体摄入硒的量不足或过多会直接或间接地影响人体健康,人体缺乏硒元素会直接导致许多人们熟知的地方性疾病,同时,人体内硒含量过高也会引起健康问题,如皮肤损伤、神经系统异常等。目前,由于硒导致的各种危及人体健康的问题以及改善地区性缺硒的方法已经成为人们广泛关注的话题。研究资料表明,地球上有67%的国家和地区是缺硒或低硒区域,在我国,约三分之二的地区存在不同程度的缺硒现象,其中有30%的区域严重缺乏硒,调查了我国22个省市中有接近一半的人口处于缺硒状态。面对亟待解决的缺硒问题,20世纪80年代,相关营养组织研究提出了人体摄取硒的最佳范围,建议成年人摄入量为60~250 μg/d。因此,科学合理地补充硒元素是十分必要的。

二、硒的存在形态

目前,硒的存在形式主要分为无机态和有机态。自然界中存在的无机硒主要是硒单质和硒酸盐类等。有机硒的种类复杂多样,主要为含硒蛋白质、硒多糖和硒核酸等。一般情况下,有机硒具有更高的生物学及营养学功能,且更容易被人体吸收。研究表明,硒蛋白是有机态硒的主要存在形式。现阶段将含硒蛋白分为三类:一是根据代谢方式不同,可以将其分为硒蛋白和含硒蛋白。其中硒蛋白为经过特殊方式,由硒代半胱氨酸组成的蛋白质,除此种形式外的统称为含硒蛋白;二是根据蛋白质的功能不同,可以分为结构组成类、运输硒元素类、氧化还原类等;三是根据组成结构、方式不同进行分类。生物体能够通过硒多糖将硒从无机形式转化为有机形式。已有研究证实硒多糖确实存在，其不仅具有多糖的各种性质，而且能发挥硒独有的生物功能，同时，它的生物活性普遍比硒和多糖单独存在时高。目前，已经可以在一些富硒植物中检测到硒多糖，其可以成为人体补硒的良好来源，硒多糖含量高的富硒植物具有广阔的开发前景。研究人员在探索硒蛋白的过程中逐渐发现了硒与核酸的关系。1982 年，科研人员发现硒代半胱氨酸可以与某一 tRNA 相结合，同时发现了硒核酸会在生物的生化反应过程中产生。科研人员通过对金针菇的代谢研究，检测到金针菇能够在代谢转化时，将硒核酸的含硒量提高到机体有机硒含硒量的万分之一。深入研究硒核酸，能够深层提高有机硒在生物医学领域的应用水平，为人类科学合理补充硒元素提供可靠的理论基础。

三、硒与植物生长发育

硒对植物的生长有许多好处。低剂量的硒对植物有益，如增强耐胁迫能力、利于光合作用与呼吸作用的恢复、有助于抗氧化防御系统的增强、抑制重金属的毒害、减少脂质过氧化和活性氧的过度生成等。有研究表明，硒能促进植物的生长和光合作用；硒能降低番茄植株对镉（Cd）的吸收；硒能抑制镉在水稻根部到地上部分的迁移。硒可以增强植物在生物和非生物胁迫中的耐受性，尤其是当植物受到重金属的胁迫时，这是因为施硒增加了应激反应蛋白的产生。大多数植物对硒的富集能力有限，高浓度的硒会使植物受毒害，研究表明，在高硒水平下，硒的植物毒性通常与硒引起的植物细胞损害、氧化应激和蛋白质结构畸形有关。硒通过土壤以及叶片进入作物，在土壤中和叶片上施用含硒制剂不仅可以提高作物的非生物胁迫能力，还可以促进作物的代谢生长和提高作物对养分的吸收利用率，且有利于防治作物病虫害，提高作物的品质、产量。

四、硒的生物学功能

最早人们认为硒是一种有毒元素，经过一系列研究后，确认了硒是动植物必需的微量元素，人们因而开始研究硒的营养学价值。经研究发现，硒是一种双功能元素，主要具有以下方面的功能。

硒元素可以为生物抗氧化功能提供极大的积极作用，主要是通过酶与非酶两种主要形式进行抗氧化作用。谷胱甘肽过氧化物酶（GSH－Px）组分中硒元素起到至关重要的作用，科研人员发现 GSH－Px 中所含有的硒元素量为人体内所有物质中含硒量的三分之一。GSH－Px 能够在机体中起到催化还原过氧化物的作用，阻止了机体内过氧化物、自由基等有关物质的产生。另一种非酶形式的硒化合物能够通过直接分解、修复分子损伤和去除自由基等形式完成抗氧化的功能。基于医学的研究表明，硒元素具有独特的抗癌特性，因此硒元素被称为抗癌之王。硒的主要抗癌机制如下：①选择性抑制致癌基因，发挥抗癌作用；②通过影响致癌物质的代谢防止肿瘤形成；③通过提高机体免疫调节能力防止肿瘤的形成；④通过诱导癌细胞分化达到抗癌的目的。

硒能够作用于淋巴细胞，通过影响淋巴细胞的生理特性并促进其产生淋巴因子，达到增强机体免疫调节能力的效果。在提高人体免疫力方面，硒主要通过以下方式完成：第一种方式为硒与巯基化合物发生作用，从而调节免疫细胞的增殖和分化，达到增强免疫力的作用；第二种方式为硒对淋巴细胞代谢过程中形成的酶产生作用，在一定程度上能够提高生理功能；第三种方式为硒降低机体代谢过程中的活性氧产生，达到抗氧化作用，提高机体的免疫能力。

硒在人类视网膜、水晶体、虹膜内的含量也非常高，因此对人类眼睛的影响很大。硒可以预防白内障、保护视神经、增强视力，人眼若长时间缺少硒元素，会影响人眼的细胞膜，从而造成视力下降，甚至会引起诸多眼科疾病，如夜盲症、视网膜病和白内障等。目前，许多医院开始对眼病患者开展硒疗法，临床研究表明，硒对恢复视力有显著的疗效。硒在预防疾病方面有非常重要的作用。由于硒可以在机体内起到抗氧化作用，进而在心脑血管方面可以达到预防堵塞、提高机能、降低发病概率等多方面功能。因此，适时合理地补充硒对保护心脑血管系统有重要的意义。

硒可以与某些金属元素进行反应合成复合物，使有毒有害的金属元素不能被人体吸收，从而将金属从人体内排除，体现出保护人体健康的功能。另外，由于其特定的元素性质，硒能够对金属离子产生极强的亲和力，通过与金属离子相结合的方式将其以机体正常代谢的方式带离人体，体现出解毒、排毒的功能。研究发现，脱碘酶是一种硒酶，而脱碘酶的正常与否会直接影响甲状腺的生理代谢，因此人体内硒的含量会影响甲状腺的生理功能。另外，硒也可以防治一些地方性疾病，如大骨节病、克山病等。

五、富硒营养对水稻品质的提升

水稻能够吸收利用外界环境中的硒，大量研究发现，增施外源硒能有效促进水稻籽粒中硒含量的增长。周鑫斌等的研究发现，增施硒肥后，大米中的蛋白质含量显著增加，而且增施硒可促进水稻籽粒中部分小分子蛋白质的合成。谭周磁等调查了湖南省的稻田土壤，结果表明，施用微量硒能够显著地提高水稻籽粒硒含量，增加稻米中氨基酸的含量。赵学杏在安徽省池州市富硒水稻推广的试验中发现，在土壤全硒含量 0.71 mg/kg 的情况下，在水稻叶面喷施 7.5～11.25 g/hm^2 的 Na_2SeO_3 可以明显提高水稻的富硒能力，增加水稻籽粒中的硒含量。硒能拮抗水稻对镉、铬、砷、铅等重金属的吸收，从而减少水稻因此受到的抑制作用。研究认为，硒和砷可以在植物体内形成一种比较稳定的复合物，从而减轻砷对植物的损伤。硒能降低植物体内的过氧化氢含量，清除活性氧，减弱膜脂质过氧化作用，能够有效地缓解植物体由于铬、镉毒害所引起的自由基和过氧化氢活性氧在植株体内积累造成的损害。另有研究表明，硒的施入可以增加水稻体内 SOD、CAT 活性，降低 POD 活性，减小膜透性，从而减轻铬元素对水稻的毒害作用。

外源施硒可以不同程度地改善作物的营养品质指标，但与作物种类、施硒时间和施硒的浓度等因素密切相关。韩亚文等研究了土壤施亚硒酸盐和硒酸盐两种不同的硒源对番茄成熟果实品质的影响，发现硒酸钠对番茄果实的品质效果影响较亚硒酸钠好，效果最好的硒处理浓度分别为 15 g/hm^2 硒酸钠及 7.5 g/hm^2 硒酸钠。外源施硒后，番茄的品质指标（可溶性蛋白和维生素 C 等）均明显高于对照组。黄丽美等研究了叶面喷施不同种类的硒肥对大豆蛋白质含量的影响，发现外源喷施硒肥可以提高大豆蛋白质的含量，其中以施用 30 g/hm^2 的硒肥浓度处理蛋白质含量最高，比对照组提高了 9%。另外，外源施硒利于大豆中铁元素积累，进一步提高了大豆籽粒的营养价值。刘群龙等研究了不同的硒处理浓度对梨果实品质的影响，与对照组相比，发现外源施硒可以提高梨果实的可溶性固形物（SS）、蔗糖以及硒的含量，但维生素 C 含量降低。李红侠等研究了外源施硒对胡萝卜中矿物质元素的影响，发现二次施硒浓度在 50 mg/L 时可以提高钙（Ca）、镁（Mg）、铁（Fe）、钾（K）的含量。王晋民等研究了外源施硒对胡萝卜营养品质影响，结果表明，施硒可以提高总糖、胡萝卜素、粗纤维的含量，但是维生素 C 的含量有所降低。卫玲等的研究表明叶面喷施 0.1% 的硒肥，可以显著提高产量，并能提高大豆籽粒中的蛋白质含量。

水稻外源富硒不仅能够提升水稻加工及外观品质，还能够提升水稻的营养品质。有研究表明分蘖期和灌浆前期每次每亩施用富硒叶面肥 300 g 可显著增加精米率，显著降低垩白率。外源硒肥还能提高水稻糙米率，增加籽粒淀粉含量。蛋白质含量是影响稻米营养品质的重要方面。有研究表明在水稻不同生长时期喷施有机硒叶面肥，水稻的外观品质、营养品质和蒸煮品质均有不同程度的提高，且在齐穗期效果最佳。另有研究发现采用土壤和叶面施用亚硒酸钠可以提高籽粒蛋白质含量，并且蛋白质含量分别平均增加了 1.57% 和 2.36%。并且，不同品种之间蛋白质含量存在一定差异。另外，各种氨基酸也是体现稻米营养品质的重要方面。一般认为，硒和硫具有相似的化学性质，因此硒进入水稻植株后会取代一些含硫氨基酸中硫的位置，形成硒代氨基酸等。施硒可以显著降低稻米中的甲硫氨酸（Met）含量，这与硒取代了甲硫氨酸（Met）中的硫形成更多硒代蛋氨酸有关。因此，未来应加强富硒稻米的生产与推广应用。

第四节 富硒水稻的功能

近年来，硒在人体健康中的独特作用及保健功能越来越被重视。硒作为世界卫生组织（World Health Organization，WHO）确定的人与动物生命活动中必不可少的微量元素，被誉为“抗癌之王”，对人体健康具有不可忽视的重要作用。硒的功效包括：抗氧化，抗衰老，延年益寿，保护、修复、活化细胞，提高机体免疫力，金属解毒、促进钙吸收，抗癌，抑制肿瘤，保护心脑血管，保护肝脏，能够杀死 90% 肝炎病毒，帮助恢复胰岛功能，改善视力，提高记忆力，提升生殖系统功能，有效防治风湿骨病、呼吸、胃肠道疾病等。缺硒会显著降低机体免疫力，缺硒地区易发生克山病、大骨节病和心脑血管疾病等，人类的癌症、儿童智力低下、老年痴呆等 42 种疾病与缺硒有关。食物是人体中硒的主要来源，根据中国营养学会推荐每人每日硒正常摄入量为60~250 μg,在日常饮食中硒的摄入量都无法满足人体健康需求,大米作为人们日常生活中的最重要的主食之一,提高其含硒量将对人体补硒和防止硒缺乏具有重要的意义。据不完全统计,全世界有42个国家和地区缺硒,中国也处于地球低硒带,全国约有72%的区县缺硒,人均硒摄入量不足30 μg/d,低于中国居民膳食营养素参考摄入量60~400 μg/d的要求。

黑龙江省是我国的粮食主产地区,但也有大面积的地区属于缺硒地区。因此,利用富硒资源开发生产天然富硒食品,尤其是开发天然有机硒保健食品,已成为目前我国富硒保健食品开发的重点。人体中硒主要从日常饮食中获得,因此,食物中硒的含量直接影响了人们日常硒的摄入量。食物硒含量受地理因素影响很大,土壤硒的不同造成各地食品中硒含量的极大差异。中国营养学会对我国十几个省市做过的一项调查表明,成人日平均硒摄入为26~32 μg,与中国营养学会推荐的最低限度60 μg相差甚远。对于缺硒地区的居民和患有各种缺硒疾病的人群,适量补硒是非常必要的,是对生命的爱护。目前公认最安全、最有效、最科学的人体补硒方法是食用富硒农产品。稻米是中国居民的主食,70%人群以食用稻米为主,富硒稻米作为功能性药食同源食品,可以有效解决居民硒摄入不足问题。

第五节 水稻提质增效富硒营养的必要性

水稻是我国第一大粮食作物,种植面积和总产量无论何时都要维持在较高水平,这才能保证中国碗装中国粮,即保证国家粮食安全;但是近年来随着市场需求的变化,人们的消费理念从“吃的饱”向“吃的好、吃的健康、吃的安全”发生转变,因此,优质功能性水稻的生产和销售显得尤为重要。2016年中央1号文件指出,我国农业生产要从数量型向质量型发展,要着眼市场需求,让市场引领生产,减少无效供给,扩大有效供给。

利用水稻提质增效营养富硒技术生产出的优质富硒大米能够提供人体对硒营养的需求,提高免疫力,保障人民身体健康,同时富硒大米与普通大米相比食味值更高、口感更佳,市场竞争力更胜一筹,这使得富硒大米价格是普通大米价格的2~3倍甚至更多,提高了水稻的附加值,增加了稻农的收益,提升了稻米企业的经济效益,水稻营养富硒种植契合了农业供给侧结构改革的需要,同时也助力了乡村振兴。

参考文献

蔡东明,张军妮,高九兰,等,2021. 水稻营养元素促进人体健康的研究[J]. 农业技术与装备(03):95-96.

陈煜,钱优良,2005. 开发富硒稻米提高种粮效益[J]. 上海农业科技(6):38.

陈莹莹,胡星星,陈京都,等,2012. 氮肥水平对江苏早熟晚粳稻食味品质的影响及其品种间差异[J]. 作物学报,38(11):2086-2092.

邓正春, 吴平安, 杨宇,等,2016. 富硒提质是水稻产业供给侧改革的重要举措[J]. 作物研究, 30(6):639-640.

方志强, 陆展华, 王石光,等,2020. 稻米品质性状研究进展与应用[J]. 广东农业科学, 47(5):11-20.

方勇, 陈曦, 陈悦,等,2013. 外源硒对水稻籽粒营养品质和重金属含量的影响[J]. 江苏农业学报, 29(004):760-765.

胡时开, 胡培松,2021. 功能稻米研究现状与展望[J]. 中国水稻科学, 35(4):15.

何秀英, 廖耀平, 程永盛,等,2009. 水稻品质研究进展与展望[J]. 广东农业科学(1):11-16.

胡群,夏敏,张洪程,等,2017. 氮肥运筹对钵苗机插优质食味水稻产量及品质的影响[J]. 作物学报,43(03):420-431.

雷锦超,2017. 稻米食味品质的调控效应研究[D]. 南京:南京农业大学.

刘兵,2020. 黑龙江省稻米价格影响因素分析及预测[D]. 哈尔滨:东北农业大学.

刘梦兰,2021. 两种不同硒肥对水稻籽粒硒积累及品质相关性状的影响[D]. 扬州:扬州大学.

黎雨薇,2020. 施氮量对水稻籽粒灌浆特性、产量和品质的影响[D]. 武汉:华中农业大学.

吕强,2005. 粳稻品质调控剂的研制及其作用机理研究[D]. 郑州:河南农业大学.

FAROOQ M U,2019. 硒和镉对水稻的营养品质和生理影响研究[D]. 雅安:四川农业大学.

邵雅芳,2020. 稻米的营养功能特点[J]. 中国稻米, 26(06):7-17.

孙亚波,2018. 外源施硒对水稻硒含量、产量及品质的影响[D]. 滁州:安徽科技学院.

隋炯明,李欣,严松,等,2005. 稻米淀粉 RVA 谱特征与品质性状相关性研究[J]. 中国农业科学(04):657-663.

吴比, 胡伟, 邢永忠,2018. 中国水稻遗传育种历程与展望[J]. 遗传, 40(10):841-857.

吴云飞, 张勇, 王磊磊,等,2021. 水稻籽粒淀粉品质的影响因素及其机制研究进展[J]. 中国农学通报, 37(6):1-8.

王文希,石垒,徐印印,等,2021. 施硒量对粳稻产量与外观品质的影响[J]. 长江大学学报(自然科学版),18(04):98-104,126.

王忠,顾蕴洁,陈刚,等,2003. 稻米的品质和影响因素[J]. 分子植物育种(02):231-241.

徐大勇,金军,胡曙鋆,2004. 氮磷钾肥施用量对稻米直链淀粉含量和淀粉粘滞特性的影响[J]. 中国农学通报(05):99-102,111.

晏娟,张忠平,朱同贵,2021. 不同硒肥对水稻产量及硒累积效应的影响[J]. 安徽农业科学,49(19):142-143,156.

袁帅，苏雨婷，陈平平，等，2021. 施氮对稻米品质的影响研究进展与展望[J]. 作物研究，35(04):394－400.

张昌泉，赵冬生，李钱峰，等，2016. 稻米品质性状基因的克隆与功能研究进展[J]. 中国农业科学，49(22):4267－4283.

张涛，王宁博，周琼，2021. 富硒水稻的营养成分及重金属研究[J]. 湖北农业科学，60(09):120－122.

曾睿，2019. 富硒水稻的生理生化特性及其硒蛋白抗氧化活性研究[D]. 雅安：四川农业大学.

朱玫，熊宁，刘欢，等，2016. 籼稻的食味品质和综合品质评价模型的建立[J]. 食品科学，37(21):97－103.

张三元，张俊国，杨春刚，等，2008. 不同生长环境对稻米食味品质的影响[J]. 吉林农业科学，33(06):1－4，24.

张俊国，张三元，杨春刚，等，2010. 不同施氮水平对水稻主要食味品质性状影响的研究[J]. 吉林农业科学，35(04):29－33.

赵可，许俊伟，姜元华，等，2014. 施氮量和品种类型对稻米食味品质的影响[J]. 食品科学，35(21):63－67.

AZIZAH, ABDUL－HAMID, SIEW Y, 2000. Functional properties of dietary fibre prepared from defatted rice bran[J]. Food Chemistry, 68(1):15－19.

AHMAD P, ABD ALLAH E F, HASHEM A, et al., 2016. Exogenous application of selenium mitigates cadmium toxicity in *Brassica juncea* L. (Czern & Cross) by up－regulating antioxidative system and secondary metabolites[J]. Journal of Plant Growth Regulation, 35(4):936－950.

JOHN M B, TIMOTHY J C, THOMAS W, 1993. Bioaccumulation of organic and inorganic selenium in a laboratory food chain[J]. Environmental Toxicology & Chemistry, 12(1):57－72.

ISMAEL M A, ELYAMINE A M, MOUSSA M G, 2019. Cadmium in plants: uptake, toxicity, and its interactions with selenium fertilizers[J]. Metallomics, 11(2):255－277.

DENG X, LIU K, LI M, et al., 2017. Difference of selenium uptake and distribution in the plant and selenium form in the grains of rice with foliar spray of selenite or selenate at different stages[J]. Field Crops Research, 211:165－171.

FORSTER G M, RAINA K, KUMAR A, et al., 2013. Rice varietal differences in bioactive bran components for inhibition of colorectal cancer cell growth[J]. Food Chemistry, 141(2):1545－1552.

FANG Y, WANG L, XIN Z, et al., 2008. Effect of foliar application of zinc, selenium, and iron fertilizers on nutrients concentration and yield of rice grain in China[J]. Journal of Agricultural & Food Chemistry, 56(6):2079－2084.

NAWAZ F, AHMAD R , ASHRAF M Y , et al. ,2015. Effect of selenium foliar spray on physiological and biochemical processes and chemical constituents of wheat under drought stress[J]. Ecotoxicology & Environmental Safety, 113:191 -200.

GOFFMAN F D , PINSON S , BERGMAN C ,2003. Genetic diversity for lipid content and fatty acid profile in rice bran[J]. Journal of the American Oil Chemists Society, 80(5): 485 -490.

KENNEDY G , BURLINGAME B ,2003. Analysis of food composition data on rice from a plant genetic resources perspective[J]. Food Chemistry, 80(4):589 -596.

LIANG Y , FAROOQ M U , ZENG R , et al. ,2018. Breeding of selenium rich red glutinous rice, protein extraction and analysis of the distribution of selenium in grain[J]. International Journal of Agriculture and Biology, 20(5):1005 -1011.

LI L , ZHOU W , DAI H , et al. ,2012. Selenium reduces cadmium uptake and mitigates cadmium toxicity in rice[J]. Journal of Hazardous Materials, s 235 - 236(2):343 -351.

MUHAMM A D, UME R, FAROO Q, et al. , 2018. Accumulation, mobilization and transformation of selenium in rice grain provided with foliar sodium selenite[J]. Journal of the Science of Food & Agriculture, 99(6):2892 -2900.

MEETU G , SHIKHA G ,2016. An overview of selenium uptake, metabolism, and toxicity in plants[J]. Frontiers in Plant Science (7):2074.

SHWR Y, PETER R, HALFOR D, 2002. Amino acid metabolism cereal seed storage proteins: structures, properties and role in grain utilization[J]. Journal of Experimental Botany, 53(370):947 -958.

UHUHUA N, NORKUR A A, NHU A W, et al. ,2012. A map of rice genome variation reveals the origin of cultivated rice OPEN[J]. Nature,490(7421):497 -501.

WANG W, MAULEON R, HU Z, et al. ,2018. Genomic variation in 3,010 diverse accessions of asian cultivated rice[J] . Nature, 557(7703):43 -49.

ZHANG H , FENG X , ZHU J , et al. , 2012. Selenium in soil inhibits mercury uptake and translocation in rice (*Oryza sativa* L.)[J]. Environmental Science & Technology, 46(18): 10040 -10046.

第二章　国内外水稻优质富硒栽培技术

第一节　国际水稻优质富硒栽培技术进展

一、世界土壤富硒现状

水稻在全球种植面积为 1.6 亿 hm^2，年产量为 7.4 亿 t(Pathak et al.，2018)，是世界第二大主粮作物，也是亚洲人口热量摄入的主要来源，全球大米需求量正以 6% 的速度增长(Carriger et al.，2007)。与其他谷物相比，稻米倾向于以更高的浓度积累硒元素。全世界有 29 个国家存在缺硒的现象(Yuan et al.，2013)，广泛分布在世界不同地区；我国是缺硒大国，72% 的土壤缺硒，95% 的主食缺硒，由此导致全国 9 亿余人生活在低硒地区，需要补硒。美国地质调查局(United States Geological Survey，USGS)2015 年公布的数据显示，世界土壤硒水平差异性较大，大多数土壤硒水平为 0.01 ~ 2.0 mg/kg，均值为 0.4 mg/kg。不同国家由于气候、地理纬度及地势地貌的不同，土壤硒含量相差很大，英国土壤全硒含量为 0.1 ~ 4.0 mg/kg，且绝大多数土壤硒含量小于 1.0 mg/kg。芬兰的表土层硒含量均值约为 0.21 mg/kg，西班牙东南部土壤硒含量变幅为 0.003 ~ 2.7 mg/kg，平均值为 0.4 mg/kg。在瑞典，土壤表层硒含量中值为 0.23 mg/kg，均值为 0.30 mg/kg。日本耕作土壤全硒含量是 0.05 ~ 2.80 mg/kg。而富硒土壤(硒含量大于 3 mg/kg)主要分布于美国、加拿大、委内瑞拉、墨西哥、哥伦比亚、爱尔兰、澳大利亚、中国和俄罗斯的大平原(Dhillon et al.，2003；Temmerman et al.，2014)。

土壤中硒含量直接受土壤矿物组成的影响(Winkel et al.，2012)。大多数土壤的硒含量主要受地质以及地下水和富硒母质的分解控制(Fordyce，2005)，是形成含硒土壤的主要原因(Moxon et al.，1950)，但同时受到成土母质、气候、降雨等环境条件影响，导致全球土壤硒分布变化很大，具有空间异质性(Rayman，2008；Zhao et al.，2009)。人为硒来自于采矿、化石燃料燃烧、金属加工、含有大量硒的化肥、石灰和肥料的施用以及污水污泥的处置等，这些因素均会影响土壤中硒的含量(Fordyce，2005)。人和动物生物体通过食用含硒食品进行体内硒的补充，其中大部分含硒食品是植物。自然条件下，土壤为植物提供硒源，硒的迁移、生物利用率和动植物体内硒的含量决定于土壤中硒的含量。通过外源富硒使植物补充硒含量，可以弥补自然土壤硒含量的不足。

二、国际水稻优质富硒栽培技术发展现状

国外对于硒元素的研究早于我国，但在20世纪50年代以前，关注度主要集中在硒元素的毒性这一领域。20世纪70年代以后，对于硒元素的研究向硒元素的营养作用等领域深入，从1973年WHO宣布硒是必需的微量元素以后，许多国家纷纷建立起了富硒农业研究所，重点对硒与作物间生长关系、硒食品安全，以及硒对农副产品品质的影响进行研究，基于硒的营养作用等各类研究、应用与推广不断取得进步。同时，在这种硒研究大环境下，一些西方国家在水稻富硒技术上实现了产业化发展。目前，为了提高居民饮食中硒的摄入量，改善人体硒水平，通过硒的生物强化作用，如施用硒肥、水稻育种等来提高稻米硒含量的措施已经在国外很多国家得到大范围的推广，国外的水稻富硒农业也在快速发展中。

国际水稻富硒技术研究偏向于硒元素的生理生化作用机理、对稻米品质影响、对环境的影响、硒形态安全性等。同时，国际硒研究领域专家学者研究发现：无机硒的生物有效性低，毒性较大，中毒量与需要量之间范围小，安全阈值较窄等。自1993年起，美国、欧盟国家以及日本等发达国家已禁止在食品甚至动物食品中添加无机硒，如亚硒酸钠。因此，有机硒化合物的合成研究是国外科学家研究的重点，比如通过酵母将水溶性硒盐（一般为亚硒酸钠）中的无机态硒转化为有机硒的应用，目前已取得一定的成果。随着理论以及实践的基础研究不断取得突破，国外在20世纪90年代后逐步对水稻富硒的产品进行了研发，从直接添加无机硒到通过萃取、生物转化等方式提取天然有机硒，从自然生长转化到人工推动转化和人工合成等，在多个领域和层面进行了水稻优质富硒技术的开发。目前已经在大范围内推广了通过生物强化作用来增加水稻硒含量的生产技术。

（一）芬兰

芬兰是世界上最早也是最成功的通过硒的生物强化法来提高农作物中硒含量的国家，并且也是在提高居民膳食硒水平方面最成功的国家。芬兰是天然缺硒的国家，芬兰的表土层硒含量均值约为0.21 mg/kg，且土壤中硒的可利用率很低。20世纪70年代，芬兰居民膳食硒摄入量只有不到30 μg/d，远低于推荐剂量的50～200 μg/d。1984年芬兰将要求肥料中添加硒元素强制性纳入法案后，运用向土壤中施加含硒肥料的方式增加农作物本身的硒含量，居民通过食用富硒植物补充体内硒含量，居民膳食硒摄入剂量也从最初的25 μg/d提高到了125 μg/d（Alfthan et al.，2015）。

（二）英国

英国是一个缺硒的国家，英国地质调查局公布英国土壤和河流沉积物中的总硒含量范围为0.1～4 mg/kg，超过95%的英国土壤硒含量小于1.0 mg/kg（Broadley et al.，2006）。在威尔士，河流沉积物硒浓度主要受地质控制。在其他地方，伯明翰周围的高硒浓度可能是来源于工业，而从格兰瑟姆北部延伸到彼得伯勒南部的显著高硒特征可能与泥炭矿床有关（Broadley et al.，2006）。英国本土种植的小麦中，硒的含量较低，有学者分别在1982年、1992年和1998年调查了452种用于烘烤面包的小麦粉中硒的含量水平，结

果显示调查的面粉样品中硒含量低。20 世纪 70 年代后期英国小麦自给率提高,减少了从美国进口富硒小麦粉,英国政府投入大量资金、科研力量来提高本土富硒,1995 年开始小麦大面积施加硒肥,显著提高了小麦中硒的含量。

(三)日本

日本农业土壤的总硒含量范围为 0.05 ~ 2.80 mg/kg。从土壤类型来看,火山土和泥炭土的硒含量相对较高,而风土和灰色低地土壤硒含量相对较低。从地理位置来看,关东、东北、北海道和九州地区的土壤硒含量相对较高。日本通过提倡水稻富硒产品的生产和消费以提高人群膳食硒的摄入。富硒肥料研发与运用、富硒畜用饲料生产运用、富硒食品药品研发是日本硒资源开发利用的主要途径,围绕有效提升硒资源固有价值和附加价值,运用科技手段,实施技术创新,意在改善缺硒现状。在富硒稻米产业发展层面,日本注重从提升富硒产业化水平着手,以现有富硒原材料为依托,逐渐扩大水稻富硒产品的覆盖面和供给领域,这对于我们发展本国的水稻富硒产业具有积极的示范作用。

三、国际水稻优质富硒栽培技术措施

控制水稻吸收硒的栽培方法多种多样,如利用地理模式和生长季节(Kubo et al., 2008),与超积累植物共植(Tang et al., 2012),施用泥炭和石灰(Chen et al., 2016b),利用微生物(Zouari et al., 2016)、无机肥料、有机改良剂等。目前国际水稻优质富硒栽培技术主要有以下几种。

(一)施用基肥

利用硒矿粉在种植时与所用基肥按比例混匀,一同撒施或直接采用富硒复混肥。优点是可以改善土壤,后效期长;缺点是硒浓度必须严格控制,土地需要隔离,因为过多的硒肥容易造成环境污染。

(二)施用叶面肥

亚硒酸盐或与有机硅喷雾助剂混用,在不同生长期,用不同浓度对植物进行叶面喷施,是采用最多最广泛的一种施硒方式。优点是补硒迅速,针对性强,能准确把握硒的浓度,效果明显;缺点是较容易受环境限制。通过叶面喷施的方式较土壤中加入外源硒更有利于植物的吸收。

(三)硒肥拌种

种植前用硒肥液浸泡种子或用硒肥拌种,在水稻萌发后,其含硒量与种子处理所用硒肥浓度呈正相关。此法缺点是浸种硒用量要比叶面喷施硒用量多 20 倍左右,成本较高。

(四)硒肥水培

水培栽培中,在植物营养液加入不同浓度硒肥,也是提高水稻含硒量的方式之一。水培施硒的优点是硒肥直接加入营养液中,更换时只需处理营养液,不会对环境造成污染,缺点是不适合大面积生产。

第二节　国内水稻优质富硒栽培技术进展

一、我国富硒土地资源分布现状

我国是一个缺硒的国家，约72%的地区土壤中硒的含量不足0.1 mg/kg。除陕西省紫阳县、湖北省恩施县等个别地区富硒之外，我国大部分地区均处于缺硒状态。我国土壤硒含量范围为0.022~3.806 mg/kg，平均值为0.239 mg/kg，主要土壤类型耕作土表层硒含量范围为0.038~3.081 mg/kg，平均值为0.269 mg/kg。从东北地区的暗棕壤（均值为0.12 mg/kg）、黑土（均值为0.11 mg/kg）向西南方向经过黄土高原的褐土、黑垆土（均值为0.08 mg/kg）到川滇地区的棕壤、紫色土（均值为0.06 mg/kg）、红褐壤、红棕壤和红壤（均值为0.09 mg/kg），再向西南延伸到青藏高原东部和南部的亚高山草甸土和黑毡土，这些低硒带内的土壤硒含量均值仅为0.1 mg/kg，显著低于中国其他地区的土壤硒含量。多目标区域地球化学调查获得的各调查区表层土壤硒平均值：海南岛0.35 mg/kg，广东珠江三角洲经济区0.51 mg/kg，浙江省0.39 mg/kg，江西省鄱阳湖周边经济区0.31 mg/kg，安徽省江淮流域0.29 mg/kg，海河流域平原区0.21 mg/kg，松辽平原中南部0.18 mg/kg，山西省盆地0.218 mg/kg，汾渭盆地0.20 mg/kg，内蒙古自治区河套平原0.18 mg/kg，整体上表现我国的低硒带呈东北—西南走向，西北和东南方向为富硒带。从行政区划分布来看，中南地区土壤表层硒平均含量最高，其值达到0.308 mg/kg，最大值可达0.754 mg/kg；华北地区土壤表层硒平均含量最低，为0.180 mg/kg；且除中南、华东地区以外，华北、西北、西南、东北地区表层土壤硒含量均低于全国平均水平。按照谭见安划分的我国硒元素生态景观标准对中国土壤表层硒元素进行安全分级，结果表明，我国11.86%的土壤属于缺硒土壤，21.48%的土壤为少硒土壤，57.98%的土壤为足硒土壤，8.65%的土壤为高硒土壤，0.03%的土壤为过硒土壤。

黑龙江省黑土资源丰富，是世界三大黑土区之一，同时，松嫩平原和三江平原为富硒土壤带，被国家批复为“黑龙江省两大平原示范区综合改革试验区”，在《寒地富硒土地环境调查评价》报告中已查明面积为12 000 km^2，涉及10个县（市）、61个乡镇、12个国营农场，适合种植的富硒土地面积为508万亩（黑龙江省耕地面积2.579亿亩）。这两条富硒带土壤中硒含量为0.33~0.89 mg/kg。2016年9月，海伦市、宝清县分别被中国营养协会授予“中国黑土富硒之都”“中国北大荒硒都”称号，为黑龙江省富硒农业发展夯实资源基础。

二、我国水稻优质富硒栽培技术施用方式

（一）土壤施硒

土壤施硒是通过改善土壤硒环境增加植物内部硒含量，最传统，也是最常见的富硒方法。不同含硒量的土壤，生长的稻米硒含量不同。众多研究表明，稻米硒含量与土壤总硒量呈显著的正相关，即土壤含硒量丰富，其生产的稻米中硒含量也相应提高。土壤总硒量低是造成稻米硒含量低的主要原因。采用土壤施硒，应以氮、磷、钾作底肥，根据不同类型土壤进行相应的硒肥实验，制定符合土壤的适宜硒肥浓度，才有可能达到预期的效果。但是土壤施硒中的硒很容易被土壤固定，还原成植物不能利用的形式，损失率较高，而且容易造成土壤环境污染，土壤施硒耗硒量相对较大，投资高，受环境影响比较大，容易造成硒肥浪费，有着一定的局限性。虽然土壤施硒利用率较低，但是也能达到富硒效果（王斐，2014）。

（二）叶面喷施

叶面喷施则是通过叶面补充硒，突出特点是针对性强、养分吸收运转快、避免土壤对硒的固定、提高硒的利用率、施肥量少，具有便于操作、节约成本、高效快捷等优点，因而在生产上应用广泛。叶面喷施时应注意避开高温和降雨等不利天气条件，选择在阴天、晴天早上或午后气温较低时喷施叶面硒肥，共喷施 1～3 次（周鑫斌等，2007b），喷施用量（以硒元素计）以 7.5 g/hm^2 左右为宜（张含生等，2001；赵学杏等，2008）。杨益花等（2013）分别将叶面和基施富硒肥施用于水稻，结果表明，水稻叶面富硒肥施用量为 34.1 g/hm^2 时，稻谷总硒含量为 0.2 mg/kg，显著高于基施 0.12 mg/kg 富硒肥。以生物活性硒为例，在黑龙江省不同年度、不同地点、不同时间喷施生物活性硒（稻谷总硒含量 0.14～0.28 mg/kg），在水稻苗期一叶一心，二叶一心，三叶一心各喷施一次后，稻苗叶色浓绿，根系发达，抗病性增强，茎基部扁平，苗壮苗旺；在水稻分蘖初期喷施后水稻扎根快，缓苗快，能促进有效分蘖；在孕穗期及扬花期喷施后对提升出米率、增强抗病抗逆性、促进早熟、提升大米的外观品质和食味品质等方面效果显著。

三、我国水稻优质富硒肥种类现状

随着对硒在农业上的深入研究，水稻富硒肥的种类也多种多样。富硒肥按施肥方式的不同可分为叶面富硒肥和基施富硒肥；按物料状况可分为固体富硒肥和液体富硒肥；根据肥料的化学成分，可以分为无机富硒肥和有机富硒肥；近年来，又出现了一批新型富硒肥料。

（一）无机富硒肥

无机肥为矿质肥料，成分单纯，有效成分高，易溶于水，被称为“速效性肥料”。无机富硒肥则一般以无机肥料为载体将硒酸钠、亚硒酸钠、硒矿粉等加入其中而制成，可以做

成基施肥或叶面肥等。Yin 等（2019）研究发现，在水稻根部施用 Se（－Ⅱ）、Se（Ⅳ）和 Se（Ⅵ）的基施肥均能显著提高稻米硒含量，且 Se（－Ⅱ）和 Se（Ⅵ）的处理效果好于 Se（Ⅳ）。有研究表明：土壤基施肥用量以每公顷施亚硒酸钠 150.0～225.0 g，硒酸钠 22.5～45.0 g 为宜。叶面喷施具有便于操作、高效快捷等优点，可以减少土壤因素对施硒有效性的影响，提高硒的利用效率。Deng（2017）在水稻分蘖后期和抽穗完成期喷施硒酸钠处理，稻米硒含量均显著高于喷施亚硒酸钠的处理。赵京等（2013）以亚硒酸钠为硒源，配合氮、磷、钾肥和硼砂等掺土混匀后均匀撒在土壤表面，发现该种施肥方式能有效提高紫花苜蓿的产量和品质。无机富硒肥的适用量较难精准把握，作物对硒酸盐反应较为敏感，过量的无机硒会致使作物生长受到抑制，从而出现减产和品质下降现象，进而影响到人体健康和生态环境。此外，无机富硒肥经过水溶解和微生物代谢易产生损失，降低富硒肥利用率。

（二）有机富硒肥

广义上的有机肥通过对各种动物、植物残体或人体代谢物堆肥、沤肥等方式形成，它可以提供丰富的有机质、改善土壤的理化性质。无机富硒肥局限性较大，而有机富硒肥料作为土壤改良剂，在培养富硒作物方面利用率高、效果显著。有机富硒肥的种类较多，有氨基酸硒肥、腐植酸硒肥等。有机富硒肥一般是在发酵腐熟的有机肥或有机肥发酵液中添加亚硒酸钠，或添加亚硒酸钠后同有机肥一起发酵。另外一种氨基酸硒肥是将天门冬氨酸、苏氨酸、丝氨酸、谷氨酸等氨基酸与氮、磷、钾和亚硒酸钠按一定比例调配组成，施用时加水稀释喷施。王斐等（2014）在研究氨基酸硒肥对梨树的影响时发现，氨基酸硒肥可以改善梨果实品质，显著提高果肉中硒元素的含量，减少石细胞，改善叶片的生长状况。腐植酸硒肥将腐植酸、硅微粉和亚硒酸钠按一定比例混合，肥料用于基施，可改良土壤、调节土壤酸碱度、增强肥效。

（三）生物活性富硒肥

生物活性富硒肥是指利用生物技术制造的、对作物具有特定肥效的生物制剂，其有效成分可以是特定的活生物体、生物体的代谢物或基质的转化物等，这种生物体既可以是微生物，也可以是动、植物组织和细胞。陈历程等（2002）将虾壳、蚕粪、鸡粪、猪粪及 EM 菌以适当比例混合，加入无机硒（亚硒酸钠或硒酸钠），持续发酵 4 个星期，制得微生物富硒肥。刘军等将亚硒酸钠混匀于土壤中，以此为基质培养蚯蚓，利用蚯蚓生物转化亚硒酸钠后得到富硒蚯蚓粪和富硒蚯蚓氨基酸叶面肥的硒肥料。结果表明，施用蚯蚓转化的富硒肥，在水稻产量、生物功能和叶片硒含量等方面具有显著的促进作用。因此，生物活性富硒肥是一类低成本、高效、无毒、环保的新型富硒肥料。

（四）纳米富硒肥

纳米硒是近年来一项新的发明，它的硒单质是纳米级的，易于被植物体吸收和利用，通过植物体的吸收和转运，以无机硒或硒蛋白、硒多糖等有机硒形式存在。因此，纳米硒被植物体吸收后能充分发挥有机硒与无机硒的生物活性功能。Maryam 等（2014）研究发现,在水培番茄培养液中添加纳米硒,可以促进植株的生长和成熟,其效果优于普通外源硒,且富硒肥的粒径越小,植株果实增重效果越明显。同时,作为纳米科技的新产品,其最大的特点是安全性高,高浓度硒会对农作物产生毒害作用,污染环境,而纳米硒无毒、稳定,具有较高的生物活性,更容易被植物吸收和转运,在富硒肥料生产和硒污染治理等方面具有巨大的应用潜力。

(五)缓释富硒肥

粮食单产的增加与普通化肥造成的浪费污染是农业生产矛盾。缓释肥料技术为这类问题的解决带来了新的思路和途径,成为世界肥料研究的热点。缓释肥料是 21 世纪肥料产业的重要发展方向。缓释富硒肥采用特殊的方法对硒源进行加工,施用后有效成分缓慢释放出来,延长了肥效释放期,减少了有效态硒在土壤中被吸附或固定,从而提高了硒的利用率。近年来,新型缓释肥的研究引起广泛关注,肥效较传统肥料明显提高,且减少了由肥料损失而引起的环境污染,具有潜在的生态、经济和社会价值。殷金岩等研究了不同富硒肥对马铃薯产量、硒含量的影响,通过吸附的方法将亚硒酸钠吸附制成生物炭基富硒肥和保水缓释肥,结果证明这两种肥料硒含量为 1.5 mg/kg 时,马铃薯每株分别增产 46.91 g和 51.23 g,效果要优于硒酸钠和亚硒酸钠。

四、我国水稻优质富硒栽培技术施用时期

水稻全生育期都能吸收同化硒,但各生长发育期对硒的吸收、积累能力不同。全生育期呈现出两个利用硒的高峰,一是生长旺盛的苗期,积累硒含量超过 0.03 mg/kg;二是营养物质旺盛积累的灌浆期,收获时硒含量超过 0.05 mg/kg。水稻干物质积累和对硒积累不同步,前者高峰在生长中期,后者以生长后期为主,周鑫斌等(2007a)研究发现随着水稻生长发育期的推进,水稻在孕穗期对硒积累量剧增,从孕穗期到灌浆期硒的积累量占总硒积累量的 65% ~77% 。Deng 等(2017)在水稻分蘖末期和抽穗完成期喷施硒酸钠和亚硒酸钠,结果显示在抽穗完成期喷施硒增加稻米中硒含量的效果显著高于在分蘖后期喷施。纪国成等(2003)认为在破口期喷硒效果最佳,齐穗期、灌浆期次之。开建荣等(2017)认为不同时期叶面喷施硒肥对稻米硒的累积效果依次是孕穗期 + 灌浆期 > 灌浆期 > 孕穗期。据此,水稻富硒施用时期,应在水稻灌浆期增施一次硒肥,可以显著提高稻米硒含量和 7 种必需氨基酸增幅,进而改善稻米品质、增强水稻抗逆性。

五、我国水稻优质富硒栽培技术发展现状

水稻是我国重要的粮食作物,栽培技术对实现水稻高产、优质、高效、生态、安全的目标具有至关重要的作用。中华人民共和国成立以来我国水稻栽培技术经历三个阶段。

第一阶段(1949—1961):大力开展以治水、改土为中心的农田基本建设的同时,进行了单季稻改双季稻、籼稻改粳稻等耕作制度的改革,推广水稻大垄栽培畜力中耕除草、塑料薄膜保温育苗和拖拉机水耙地 3 项新技术,同时使用化学药剂除草,综合措施防治稻瘟

病，对提高水稻产量起了重要的作用。

第二阶段（1962—1979）：继续选育普及矮秆优良品种，并采用了与之相配套的优化栽培技术，在改革生产条件的基础上，恢复和发展了双季稻生产，并进行灌区整理和方田、条田建设。同时广泛应用化学除草、增加化肥施用量以及改进施肥方法和灌溉技术等方法，为恢复和发展水稻生产创造了条件。

第三阶段（1980 年至今）：杂交水稻“三系”配套，并配制了一系列高产组合，大面积应用于生产；东北粳稻大面积的种植，使我国水稻总产大幅上升。与此同时，由过去只注重单一栽培技术的研究，发展成为利用器官之间的相关生长规律，在不同生态条件下，创建了一些综合配套高产高效栽培模式，在栽培方式上主要采用了旱育稀植三化栽培技术、超稀植栽培技术、抗病保优栽培技术、绿色稻米标准化生产技术、水稻优质富硒栽培技术等；在施肥方式上测土配方平衡施肥技术正逐渐取代常规施肥方法；在灌溉方式上主要采用淹水灌溉和浅湿干灌溉；对水稻本身的品质与产量的提高起了重要的作用。

我国自 2005 年 1 月 18 日在人民大会堂举行“防病治病定量补硒全国工作会议”以来，硒引起了人们的高度重视。受饮食习惯的影响，我国居民摄入的总硒量中 70% 来自谷物，谷物是人体硒的主要来源，稻米硒含量的高低直接影响到人体的营养状况。富硒栽培技术，能有效提高稻米的硒含量，提升稻米的品质，满足人们补硒的营养保健需要。

水稻富硒栽培技术是利用生物强化的原理，生产出高硒含量的稻米，由富硒稻米加工成的富硒大米，硒含量比普通大米高 6 ~9 倍。富硒大米的米质优、适口性好、所含的有机硒易于被人体吸收，是一种安全、有效的保健型补硒农产品，因此其价格一般要比普通大米高 30% ~60% 甚至更多，市场前景十分诱人。除富硒大米外，水稻富硒栽培还可以生产出一系列的富硒稻米产品，如营养更为丰富的富硒糙米、可作为动物饲料或生产富硒米糠油的富硒米糠，以及可用作富硒食品添加剂的富硒米胚芽等。资料显示，目前我国主要的富硒大米产品有：黑龙江省农业科学院技术支持的由五常市华米米业的“天谷御道”富硒稻花香二号和哈尔滨市宾县的“寒地稻”富硒大米，黑龙江省方正县的“南天门”牌富硒大米，黑龙江省鸡东县的富硒有机米，哈尔滨市的“绿宝石”牌富硒大米，黑龙江省普阳农场、宝清县等地的富硒大米，安徽省巢湖市的富硒香米，江苏省洪泽湖的“赛泰”牌富硒香米，河南省唐河县的“金唐河”牌富硒香米，河北省承德市“康硒”牌富硒大米，浙江省绍兴市富硒大米，深圳市“甲升”牌富硒营养米，南京市六合区“远望”牌富硒大米，湖北省沙洋产“洪森”牌富硒香米，辽宁省灯塔市“太子河”牌富硒香米，重庆市江津的“福音”牌富硒米，浙江省诸暨县、台州等地的富硒大米，江苏省连云港市富硒香米，贵州省榕江县的“锡利硒贡米”，贵州省开阳县“开洋”牌富硒大米，湖南省桃源县“钱缘”富硒大米等。调查发现全国已有约 21 个县应用水稻优质富硒栽培技术生产富硒大米，其中湖北省、陕西省、江西省、福建省、黑龙江省、安徽省、湖南省、重庆市、河北省、山东省和海南省等已形成较大的富硒水稻种植规模，总种植面积超过 100 万 hm^2，普遍采用叶面喷施硒肥方式来促进水稻对硒的吸收，提高水稻硒的富集水平和稻米的品质，食用富硒大米成为居民膳食补硒的主要途径。

六、富硒稻谷标准存在问题

在利用水稻优质富硒栽培技术生产富硒稻米时,必须保证富硒稻谷的食用安全性,即应同时评价富硒稻谷及其食用安全性。然而,现行的国家富硒稻谷标准与稻谷重金属限量标准对于稻谷样品的加工要求不一致,GB/T 22499—2008《富硒稻谷》规定的富硒稻谷是指加工成三级大米后硒含量在0.04~0.30 mg/kg的稻谷,而GB 2762—2017《食品安全国家标准食品中污染物限量》规定的稻谷重金属限量值是指糙米的重金属含量,由此给样品加工分析与评价带来了不便;如果将一份稻谷样品加工成三级大米后测定硒和重金属含量,则无法据此准确评价其食用安全性;反之,加工成糙米测定硒和重金属含量,则又无法准确评价稻米是否富硒。按照上述两项标准,一份稻谷样品必须加工成糙米与三级大米两份样品,分别测定重金属和硒含量,才能严格按照标准进行评价。食品行业按照稻谷研磨加工程度,将其分为糙米、四级精米、三级精米、二级精米、一级精米共五个等级。由于稻谷种皮、胚芽中硒和重金属含量高于胚乳(大米),因此加工精细程度对稻米元素含量有一定的影响。对广东某地85件稻谷样品的对比实验表明,三级精米硒含量约为糙米的86%。类似研究发现,精白面粉硒含量为全麦的70%~90%。如果调查时仅仅测定了糙米或三级精米样本中硒的含量,或许只能将测定数据按上述比率进行换算,再参照相应标准进行概略评价。

水稻富硒栽培中的另一个问题是稻米中的硒含量。世界卫生组织的研究认为,食物中的硒含量小于0.1 mg/kg时,就会造成人体缺硒;而大于5.0 mg/kg时,又会造成硒中毒(张桂英等, 2008)。我国的粮食国家标准中只规定了粮食中硒含量的最大上限为0.3 mg/kg(以硒元素计)(GB 13105—1991),而并未对其制定更为细致的品级评定标准,加之目前的农业研究和生产也不重视对稻米中硒含量的控制,导致市场上虽有许多富硒大米,但不同富硒大米的硒含量却高低不一。今后应加强对控制稻米硒含量相关栽培技术的研究,使水稻富硒栽培能生产出满足不同人群需求的不同硒含量的优质富硒大米。

参考文献

陈历程,杨方美,张艳玲,等,2002. 我国部分大米含硒量分析及生物硒肥对籽粒硒水平的影响[J]. 中国水稻科学(16):341 - 345.

付光玺,印天寿,林平,2008. 新一代水稻富硒叶面肥的开发与应用[J]. 中国农学通报(24):215 -219.

纪国成,李秀琪,黄洪明,2003. 富硒增产剂在水稻上应用效果研究初报[J]. 中国稻米(6):31.

江川,王金英,李清华,等,2005. 早晚季水稻精米和米皮硒含量的基因型差异研究[J]. 植物遗传资源学报(6):448－452.

江川,王金英,李书柯,2008. 硒肥对早、晚季水稻精米和米糠中硒含量变化的影响[J]. 江西农业学报(20): 27－29.

林匡飞,徐小清,金霞,2005. 硒对水稻的生态毒理效应及临界指标研究[J]. 应用生态学报(16): 678－682.

刘成启,佟斌,焦颖,2008. 水稻硒营养研究进展[J]. 北方水稻(38): 9－11,50.

刘少山,李福初,2008. 聚磷酸硒钾富硒复合肥在农、林业上的应用[J]. 湖南林业科技(35):85－86.

罗世炜,张孟琴,吴永尧,2007. 植物硒的研究与利用[J]. 安徽农业科学(35):4087－4088.

牟维鹏,2001. 硒蛋氨酸的营养、代谢和毒性[J]. 国外医学・卫生学分册(28):206－210.

谭见安,1996. 生命元素硒的地域分异与健康[J]. 中华地方病学杂志(15): 67.

谭见安,2004. 地球环境与健康[M]. 北京:化学工业出版社.

王斐,蒋淑苓,欧春青,等 ,2013. 不同时期和不同方式施用氨基酸硒肥对梨树的影响[J]. 中国南方果树(242):89.

王斐,姜淑苓,欧春青,等,2014. 施用氨基酸硒肥对梨体内硒含量的影响[J]. 植物营养与肥料学报(20):1577－1582.

王锐,余涛,曾庆良,等,2017. 我国主要农耕区土壤硒含量分布特征、来源及影响因素[J]. 生物技术进展(7):359－366.

杨帆,李荣,崔勇,等,2010. 我国有机肥料资源利用现状与发展建议[J]. 中国土壤与肥料(4):77－82.

杨益花,袁卫明,单建明,等 ,2013. 叶面硒肥施用量对稻谷总硒含量及产量的影响[J]. 河北农业科学(17):51－54.

张现伟,2009. 水稻籽粒硒、锌含量的 QTL 定位及遗传效应分析[D]. 重庆:重庆大学.

张雪林,姚鼎汉,2000. 水网地区水稻土的含硒量及根外施硒对糙米硒含量的影响[J]. 土壤学报(37):242－249.

赵京,介晓磊,胡华锋,等 ,2013. 基施硒肥对紫花苜蓿不同形态硒含量和积累量的影响[J]. 中国草地学报(1):110－114.

赵先贵,肖玲 ,2002. 控释肥料的研究进展[J]. 中国生态农业学报(10): 95－97.

赵学杏 ,2008. 无公害富硒稻米生产技术集成研究与推广[J]. 安徽农学通报(14):31－32.

赵永进 ,2008. 富硒稻米产业的开发[J]. 粮食与食品工业(15):18－19.

周鑫斌,施卫明,杨林章 ,2007a. 叶面喷硒对水稻籽粒硒富集及分布的影响[J]. 土壤学报(44):73－78.

周鑫斌,施卫明,杨林章 ,2007b. 富硒与非富硒水稻品种对硒的吸收分配的差异及机理[J]. 土壤(39):731－736.

周鑫斌,施卫明,杨林章 ,2008. 水稻籽粒硒累累积机制研究[J]. 植物营养与肥料学报(14):503 - 507.

ALFTHAN G, EUROLA M, EKHOLM P, et al. ,2015. Effects of nationwide addition of selenium to fertilizers on foods, and animal and human health in Finland: from deficiency to optimal selenium status of the population[J]. J Trace Elem Med Bio, 31:142 - 157.

BROADLEY M R, ALCOCK J, ALFORD J, et al. ,2010. Selenium biofortification of high - yielding winter wheat (*Triticum aestivum* L.) by liquid or granular Se fertilisation[J]. Plant and Soil, 332:5 - 18.

BROADLEY M R, WHITE P J, BRYSON R J,2006. Biofortification of UK food crops with selenium[J]. Proceedings of the Nutrition Society, 65:169 - 181.

DENG X F, LIU K Z, LI M F, et al. ,2017. Difference of selenium uptake and distribution in the plant and selenium form in the grains of rice with foliar spray of selenite or selenate at different stages[J]. Field Crop Res, 211:165 - 171.

DHILLON K S, DHILLON S K ,2003. Distribution and management of seleniferous soils[J]. Adv. Agron, 79:119 - 184.

FORDYCE F ,2005. Selenium deficiency and toxicity in the environment[M]. London: In Essentials of Medical Geology .

FORDYCE F M, ZHANG G D, GREEN K, et al. ,2000. Soil, grain and water chemistry in relation to human selenium - responsive diseases in Enish District, China[J]. Applied Geochemistry, 15:117 - 132.

KAUSCH M F, PALLUD C E , 2013. Modeling the impact of soil aggregate size on selenium immobilization[J]. Biogeosciences, 10:1323 - 1336.

KULP T, PRATT L ,2004. Speciation and weathering of selenium in Upper Cretaceous chalk and shale from South Dakota and Wyoming, USA[J]. Geochimica Et Cosmochimica Acta, 18:3687 - 3701.

LI Z P, LIU M, WU X C, et al. ,2010. Effects of long - term chemical fertilization and organic amendments on dynamics of soil organic C and total N in paddy soil derived from barren land in subtropical China[J]. Soil and Tillage Research, 106:268 - 274.

MARYAM H, REZA A, JAIME A, et al. ,2014. Low and high temperature stress affect the growth characteristics of tomato in hydroponic culture with Se and nano - Se amendment[J]. Scientia Horticulturae, 178:231 - 240.

MOXON A L, OLSON O E, SEARIGHT W V , 1950. Selenium in rocks, soils and plants, tech[J]. Bull. No. 2. South Dakota Agriculture Experimental Station, Brookings, SD: 1 - 94.

RAYMAN M P,2008. Food - chain selenium and human health: emphasis on intake[J]. Br J

Nutr, 100:254 - 268.

RODRIGUEZ M M, RIVERO V C, BALLESTA R J,2005. Selenium distribution in top soils and plants of a semi - arid Mediterranean environment[J]. Environmental Geochemistry and Health, 27: 513 - 519.

SCHIAVON M, PILON - SMITES E A, 2016. The fascinating facets of plant selenium accumulation - biochemistry, physiology, evolution and ecology [J]. New Phytol, 213: 1582 - 1596.

TAN J, ZHU W, WANG W, et al. ,2002. Selenium in soil and endemic diseases in China [J]. Science of the Total Environment, 284: 227 - 235.

TEMMERMAN L D, WAEGENEERS N, THIRY C, et al. ,2014. Selenium content of Belgain cultivated soils and its uptake by field crops and vegetables[J]. Sci Total Environ, 468: 77 - 82.

VARO P , 1987. Commercial fertilizers and geo medical problems [M]. Norweigian: Norweigian University Press.

WANG H L,ZHANG J S,YU H Q ,2007. Elemental selenium at nano size possesses lower toxicity without compromising the fundamental effect on selenoenzymes: comparison with selenomethionine in mice[J]. Free Radical Biology and Medicine, 42:1524 - 1533.

WINKEL L H E, JOHNSON C A, LENZ M ,et al. ,2012. Environmental selenium research: from microscopic processes to global understanding[J]. Environ Sci Technol, 46:571 - 579.

YAMADA H, KAMADA A, USUKI M, et al. ,2009. Total selenium content of agricultural soils in Japan[J]. Soil Science and Plant Nutrition, 55:616 - 622.

YIN H Q , QI Z Y, LI M Q , et al. ,2019. Selenium forms and methods of application differentially modulate plant growth, photosynthesis, stress tolerance, selenium content and speciation in Oryza sativa L[J]. Ecotox Environ Safe, 169: 911 - 917.

YUAN L X, ZHU Y Y, LIN Z Q , et al. ,2013. A novel selenocystine - accumulating plant in selenium - mine drainage area in Enshi, China[J]. Plos One, 8:1 - 9.

ZHANG M, GAO B, CHEN J J, et al. ,2014. Slow - release fertilizer encapsulated by graphene oxide films[J]. Chemical Engineering Journal, 255:107 - 113.

ZHAO F J, SU Y H, DUNHAM S J, et al. ,2009. Variation in mineral micronutrient concentrations in grain of wheat lines of diverse origin[J]. J Cereal Sci, 49:290 - 295.

第三章　黑龙江省水稻优质高效富硒技术进展

第一节　黑龙江省水稻品质与产量现状

一、黑龙江省水稻品质现状

(一)黑龙江省水稻品质概况

黑龙江省是我国最大的优质粳稻生产基地,产出稻米的食味品质为北方粳稻之最,在国内外市场受到极大欢迎,生产的粳米90%达国标二级品质,其中第一、二积温带品种全部达到国标二级品质;商品率高,是我国重要商品粮基地,约75%外销;口粮率高,占全国粳稻45%以上,其中,98%以上为口粮。

黑龙江省大米,饭粒表面油光,食味清淡略甜,质地柔韧、香润弹牙,是百姓餐桌上的首选。其最为突出的特点有两个:一是食味好,不论是圆粒米还是长粒米,都有代表性的好吃品种,“中国好大米在东北,东北最好大米在黑龙江”,已经成为市场和消费者的共识;二是安全性高,由于黑龙江省气候冷凉,土壤肥沃,病虫害发生频率低,因此农药和化肥单位使用量低于全国平均水平。同时,黑龙江省出产的稻米蛋白质含量适中,并含有丰富的钾、钠、镁、铁、锌、硒等微量元素,米饭营养价值高,有利于打造区域特色米。

黑龙江省稻米碾米品质较好,糙米率、整精米率等主要指标,达到国家《优质稻谷》标准一级指标,能够满足优质稻谷加工需求;稻米外观晶莹剔透,垩白较低,稻米美观度佳、商品性好;水稻品种直链淀粉(干基)平均含量17.55%,粗蛋白平均含量7.04%,含氮量较低,蒸煮时吸水率低,蒸煮的米饭柔软,冷却后仍能保持柔软的质地,食味品质较好,达到国标二级品质以上的品种占97.2%,位居全国第一。

“十三五”以来,随着黑龙江省农业供给侧结构性改革的不断推进,水稻种植结构不断优化,对稻米供给的需求,由“种得好”向“卖得好”、由“吃得饱”向“吃得好、吃得健康”发生重大转变;对稻米品质提出了更高的要求,如采用“水稻提质增效营养富硒技术”种植出来的富硒米出米率高,低垩白,透明度高,米饭柔软、不回生、不反酸、微甜,商品性好及香型大米、红米、黑米、低升糖指数米功能性水稻新品种越来越受到市场的欢迎。

(二)黑龙江省不同积温带优质米产业发展状况

1. 第一积温带水稻优势

第一积温带是黑龙江省高端、长粒大米的主产区,稻米食味普遍优于其他各积温带。市场定位较高,品牌影响力大。“五优稻4号(稻花香2号)”“龙稻18”“松粳28”作为领军品种,叫响全国,在前两届“中国·黑龙江国际大米节”上,黑龙江省“五优稻4号(稻花香2号)”连续两次获得金奖。

2. 第二积温带水稻优势

第二积温带是黑龙江省中、高端优质大米的主产区,稻米食味佳,优质、香型“绥粳18”作为该地区主导品种,年推广面积在1 000万亩以上,以其为主打品种的“庆安大米”“方正大米”“通河大米”在全国稻米市场具有较高影响力,在市场上深受好评。

3. 第三、四积温带水稻优势

第三、四积温带作为黑龙江省水稻主产区,在过去一直承担维护我国粮食安全的重任,稻米品质相较于第一、二积温带略有不足,经过育种专家多年不懈努力,现已成为黑龙江省中端优质大米的主产区,以“龙粳31”等为主打品种的“佳木斯大米”在多省市受到广泛欢迎。

4. 生产体系完善

全省种植水稻100万亩以上的县有11个,50万亩以上的县有29个,以水稻全程机械化为重点,机械插秧、机械摆栽、机插侧深施肥、无人机航化和机械收获技术加快普及,大幅度提高了水稻生产的标准化水平。

5. 绿色、有机水稻发展迅猛

目前,在五常、庆安、桦川等20个市(区、县)示范推广“稻鱼共作”“稻鸭共作”“稻蟹共作”等“一水两用,一地双收,一季双赢”稻田综合种养技术,建设核心示范区24个,截至2019年,全省绿色、有机水稻种植面积3 200万亩以上。

6. 优质、功能富硒水稻崭露头角

黑龙江省农业科学院“水稻提质增效营养富硒技术”在第一、二、三积温带的推广应用,将已有优质米再次提升了品质和功能,生产出的富硒大米更加柔软香甜、滑润适口、弹性十足,外观晶莹剔透、精米率高、垩白少,备受消费者青睐。

二、黑龙江省水稻产量现状

(一)水稻种植面积情况

黑龙江省是我国北方稻区第一水稻大省,是我国粳稻种植面积最大、总产量最多的省份。2017年水稻种植面积为6 164.4万亩,占全国总面积的13.4%;2018年水稻种植面积为5 893.42万亩,占全国总面积的13.0%;2019年水稻种植面积为5 718.8万亩,占全国总面积的12.7%。由此可见,黑龙江省水稻产业在全国水稻产业的重要地位及对国家粮食安全产生的重大影响。

（二）水稻总产量概况

2017 年水稻总产量为 2 819.3 万 t，约占全国水稻总产量的 13.26%；2018 年水稻总产量为 2 685.5 万 t，约占全国水稻总产量的 12.66%；2019 年水稻总产量为 2 663.5 万 t，约占全国水稻总产量的 12.70%。

（三）影响水稻产量的主要因素

黑龙江省不同积温带水稻产量并未单纯随着积温的增加出现升高趋势，在各积温带间水稻品种千粒重与收获系数差异不显著的前提下，第一、二积温带产量主要受穗粒数、单位面积穗数、抗倒伏性、抗病性等因素影响；第三积温带产量构成因素中虽然穗粒数不高，但单位面积穗数远高于其他积温带，造就第三积温带高位产量的关键因子；第四积温带由于自身地域气候特性与水稻品种抗寒性的原因，其结实率显著低于其他积温带，成为第四积温带提高水稻产量和发展水稻生产的制约因素，说明黑龙江省不同积温带间水稻品种产量差异较为明显。

于秋竹（2014）的研究表明，黑龙江省水稻产量构成因素对产量影响力依次为穗粒数 > 结实率 > 单位面积穗数 > 千粒重 > 收获系数。而不同积温带间产量构成因素与产量之间的相关性存在明显差异，第一、三积温带产量构成因素中以单位面积穗数、穗粒数、结实率对水稻产量贡献力为主，而第四积温带以穗粒数和结实率为主，黑龙江省不同积温带的热量条件对水稻产量及其构成因素的影响规律较为复杂。黑龙江省寒地农业气候条件复杂，结合气温、降水量和风向风力等气象特性综合评价对水稻产量的影响也将成为今后水稻农业生态环境研究方向之一。

第二节　黑龙江省水稻品质与产量提升存在的问题

一、自然因素

（一）有效积温少，品种生育期短，难以实现高产

黑龙江省地处北纬 43°23′～53°34′，为我国最北部寒冷稻作区，也是世界最北部的稻作区之一，属大陆气候，为一年一熟高纬度稻区，全省年平均气温 0 ℃，日照长，无霜期短（平均 130 d），有效积温少，低温历来是限制水稻生产的主要因素之一，因而难以实现高产。

（二）稻瘟病、低温冷害频发，难以实现稳产

稻瘟病是世界性水稻病害，也是黑龙江省水稻的主要病害，不仅影响水稻的产量，还影响水稻的品质，导致水稻减产甚至是绝收，也严重影响了农民的收益，对粮食安全生产造成了巨大的威胁。20 世纪 80 年代以前，稻瘟病发生面积较小，发病率较低，个别年份

在局部流行,重病地块穗颈瘟发病率仅在30%左右。20世纪90年代后期,稻瘟病流行年份有所增加,发病面积不断扩大,发病率升高,重病地块穗颈瘟发病率达50%以上。进入21世纪后,由于种植品种单一、施肥量增加和品种抗病性减弱等不利因素的叠加,稻瘟病频繁流行。据统计,黑龙江省1964—2006年有13次稻瘟病较重发生年,累计损失稻谷达60亿kg。如1999年、2002年、2005年、2006年黑龙江省稻瘟病大发生,平均每年损失近10亿元人民币,严重影响着稻农的经济收入。例如:2005年黑龙江省稻瘟病发生面积66.7万hm^2,其中穗颈瘟29.9万hm^2,发病严重地块减产70%~80%。2006年发生面积达73万hm^2,其中叶瘟58万hm^2,穗颈瘟15万hm^2,一般发病地块穗颈瘟率为10%~25%,严重发病区穗颈瘟达70%以上。2007年黑龙江省发生稻瘟病的面积为17.4万hm^2,绝产面积为1.6万hm^2,分别占当年水稻种植总面积的7.4%和0.67%。

冷害是我国北方水稻生产的重要限制因子,尤其是东北地区更为严重。在黑龙江省,冷害具有危害大、周期性、突发性和群发性等特点,每3~5年就发生一次大的冷害,小的冷害频繁发生,从而严重影响水稻生产的稳定与发展。2002年吉林东部和黑龙江三江稻区发生低温冷害,造成水稻减产高达30%以上;2003年黑龙江省南部和西部稻区亦遭受低温冷害;2009年黑龙江省东部亦遭遇较重的低温冷害。此外,冷害还严重影响稻米的品质。

二、品种选育因素

(一)优异种质资源匮乏,难以选育突破性水稻品种,特别是早熟优质品种

黑龙江省水稻种质资源来源单一,遗传基础狭窄,缺乏综合性状优良、亲缘关系较远的亲本,育种后代优势不强。因此,在育种实践中,育成早熟、优质、高产、抗病、耐冷、抗倒等性状多优集成的新品种较少,选育出突破性品种难度更大。

(二)品质需要进一步改善

黑龙江省在水稻产量、抗病性等方面优于日本、泰国、美国等国家;与国内部分省份相比,产量略低;在稻米品质方面,目前黑龙江省通过自主创新,已选育出与日本越光品质相媲美的"五优稻4号""龙稻18""松粳28"等优质品种,但多数品种仍与日本稻米品质存在一定的差距。

(三)品种抗倒伏能力需要增强

水稻倒伏会严重影响产量和品质,早期倒伏会导致产量大幅度下降,后期倒伏对产量影响小,但品质下降,如惊纹粒增多、整精米率下降、口感差等。同时,随着黑龙江省水稻机械化程度越来越高,对品种抗倒伏能力的要求也越来越高。

(四)耐盐碱水稻育种面临的问题

目前,黑龙江省盐碱地约为3 000余万亩,主要分布在松嫩平原西部低洼闭流地带,在高平原西部的低洼地带和山前倾斜平原的东部边缘及三江平原桦川至富锦一带也有小

面积分布，其中65%以上可种植水稻，如果利用得当，将成为黑龙江省粮食增产的又一突破口，对维护国家粮食安全意义重大。然而黑龙江省耐盐碱优质水稻种质资源匮乏，生产上应用的品种不适宜在该地区大面积推广，对优质、耐盐碱品种选育研究较少，缺乏系统理论。

（五）各积温带及盐碱地区品种选育面临的问题

黑龙江省水稻育种主要以常规育种技术为主，在育种实践中开展花培育种、分子标记辅助选择育种的育种单位较少，与日本、美国及国内其他省份科研院所相比，育种手段比较单一，育种周期长，选择效率较低。

（六）各积温带及盐碱地区品种选育面临的问题

1. 第一积温带水稻育种面临的问题

由于市场对黑龙江省第一积温带出产的“稻花香”大米需求较大，该地区水稻品种选育的主要目标就是长粒、香型品种。长期的过于执着以长粒、香型为目标培育品种，导致该地区水稻品种普遍有株高过高导致易倒伏，粒型过长导致出米率下降，为增加粒长多利用籼稻血缘导致耐冷性下降等问题。其中易倒伏还导致产量下降，由于不能机器收割导致收获成本上升。

2. 第二积温带水稻育种面临的问题

与黑龙江省第三、四、五积温带相比，第二积温带水稻品种在品质上具备一定优势，但与日本同熟期优质米品种以及第一积温带相比，在食味品质上仍有一定差距。该地区为黑龙江省稻瘟病重发病区，各地间稻瘟病生理小种复杂，且近年来该地区7—8月降雨、低温寡照天气频繁，对品种抗性提出新的挑战，应更加注重提高水稻品种的水平抗性。同时，该地区水稻品种存在“杂、多、乱”的现象，缺乏主栽优质品种，后备品种不足，综合性状突出的品种较少，多数品种难以实现规模化推广。

3. 第三、四积温带水稻育种面临的问题

受生态区域限制，第三、四积温带优异资源材料相对更为匮乏；与黑龙江省第一、二积温带中晚熟品种相比，第三、四积温带品种在蒸煮和食味品质上还有差距，应在注重品质均衡的同时，提高整精米率和食味，加强长粒型优质品种选育，以提高早熟长粒米市场占有率。同时，该地区易受冷害、病害威胁，年际间品种产量波动剧烈，应加大压力选择力度，提高鉴定准确性，加强抗病性和耐冷性强的品种选育，加强水稻耐肥、抗倒、抗旱等不良环境广适性品种的选育，培育水肥资源高效利用型新品种。

三、栽培技术及天气因素

（一）良种良法不配套，品种产量、品质特性难以发挥

黑龙江省水稻生产多存在费水、费肥、费药的现象，造成资源的极大浪费并威胁优质稻区的稻米生产。大多数农户种植水稻都采取粗放的管理方式，这不仅造成人力、财力的

资源浪费，还造成了稻米的品质和产量不同程度的下降。同时，水稻生产配套技术参差不齐，综合配套性差。

（二）化肥用量过大，对有机肥、秸秆等资源利用不足

在栽培措施中与水稻产量与品质关系最密切是施肥。氮肥施用不当，或过多偏施时极易诱发和加重稻瘟病的发生。过量施用氮肥造成水稻大面积倒伏，致使产量、品质下降；由于水稻生产主要以大量投入化肥提高产量，忽视了有机肥与秸秆还田等的培肥地力作用，导致耕地土壤质量退化、肥料利用率低、可持续能力降低。

（三）化学药剂过量使用

机插水稻种植面积的不断扩大，恶苗病、青枯病和立枯病在苗期的危害，导致生产中缺苗现象严重和育苗棚大面积死苗现象；由于主栽品种种植面积大，在生产上服务时间长，稻瘟病、纹枯病、稻曲病频繁发生，直接影响到产量和品质。杂草抗药性出现，生产上多次且超剂量用药，成本加大，带来一定的环境与食品安全隐患。

（四）气候因素

近年来，黑龙江省 7 月中旬至 8 月上旬，经常出现阴雨、寡照天气，稻田田间湿度大，易于营造稻瘟病发病环境；同时秋季常伴有大风天气，如 2020 年进入 8 月以来，黑龙江省多数稻区持续多日低温多雨天气，田间湿度过大，且雨后温度升高，造成穗发芽现象，后又遭遇第八号台风“巴威”、第九号台风“美沙克”、第十号台风“海神”连续袭击，导致田间、沟渠积水，排水困难，多数地块出现倒伏现象，对水稻产量、品质造成严重影响。

第三节　黑龙江省水稻优质高产技术研究进展

一、黑龙江省开展水稻优质高产技术所具备的自然优势

黑龙江省地处北纬 43°25′～53°33′，为一年一熟的粳稻区，属于温带大陆型季风气候区，虽然年平均气温低、无霜期短、夏季高温时间短、秋季气温下降快，但夏季气温高、昼夜温差大、光照充足、雨热同季、日照时间长、水资源充足、土质肥沃、地势平坦，这些条件均有利于进行水稻生产。

（一）生态条件优越，环境污染较小

1. 种稻历史较短、土地肥沃

黑龙江省稻区大部分分布于土壤肥沃的三江、松嫩两大平原，开垦时间较晚，种稻历史较短，黑土腐殖质、微量元素含量较高。因此，生产上化肥用量远小于南方稻区。

2. 土地闲置时间长，肥力恢复快

黑龙江省稻区全部稻田在每年 10 月到翌年 4 月的 180～210 d 左右的时间里为休闲、

风化、干燥、冻结时间。此间水稻本田完全处于非淹水的风化休闲状态，且大部分实行秋翻地。长时间的休闲风化，可以改变耕层土壤的氧化还原状态，保持土壤肥力，加速潜在养分的转化，有利于优质稻米生产。

3. 冬季寒冷，减少病虫害的发生

黑龙江省每年 11 月份到第二年的 3 月份这 5 个月时间里，土壤全部处于冻结状态，最低温度达 -20 ~ -30℃，使大多数病菌虫卵难以存活、发展、蔓延。与其他稻区相比，农药用量大幅度减少。

（二）日照时间长、光照充足

黑龙江省稻区在水稻生育季节的日照时间长达 15 ~ 16 h，光合作用的时间约占一天的 2/3，夜间异化作用时间约占一天的 1/3。全年实际太阳总辐射量达到 44×10^8 ~ 46×10^8 J/m^2。水稻生育旺季的 5—8 月份的总辐射量占全年总辐射量的 46.8% ~51.8%。且由于晴天多，光照充足，全省 5—9 月份日照时数为 1 150 ~ 1 350 h。太阳辐射量大，光照时间长，有利于干物质积累，增进水稻品质。

（三）昼夜温差大，有利于光合产物积累

黑龙江省稻区为典型的大陆性季风气候区，冬夏温差大，昼夜温差大。水稻生育季节的 4—9 月份，昼夜温差的平均值为 11 ℃左右。

水稻生育旺季，白天相对高温，有利于光合作用和干物质的积累；夜间低温，降低呼吸作用强度，减少干物质的消耗；既有利于增加产量，又有利于提高稻米品质。

（四）开花受精期温度较高

水稻开花受精期的 7 月份下旬温度相对较高。由于北方粳稻开花时间集中在每日中午，几乎是每日气温最高的时候。北方粳稻开花受精最适宜的温度为 30 ~ 32 ℃，黑龙江省大部分稻区 7 月份下旬昼间高温大都在 26 ~ 30 ℃，基本可以满足优质稻米生产所需要的开花受精温度。

（五）灌浆结实期温度适宜

粳稻抽穗后 40 d 的日平均气温最适宜值是 21.2 ~ 22 ℃。黑龙江省一、二、三、四积温带的广大稻区，抽穗后 40 d 的平均气温在 19 ~ 22 ℃左右，接近适宜值。全省大多数稻区灌浆结实期温度均比较适宜，有利于优质稻米的生产。

（六）水资源较丰沛，水质优良

黑龙江省灌溉水资源较丰富，是全国北方稻区 14 省（市、区）中水资源最丰富的省份。境内有黑龙江、松花江、乌苏里江和绥芬河 4 大水系；有兴凯湖、镜泊湖、五大连池 3 大湖泊；有大、小河流 1 918 条，泡、沼、库、塘星罗棋布。全省年平均径流量为 655.8 亿 m^3 左右。不论地表水还是地下水，均为优良水质，有利于绿色稻米生产。

二、黑龙江省水稻优质高产技术的主要发展阶段

(一)种植方法的演变

直播栽培是黑龙江省固有的水稻种植方法,在稻作发展史上具有重要的地位。最初全是撒播,之后逐渐采用点播、条播及旱直播,从而形成了水直播、旱直播及水稻旱种3种直播栽培体系。到20世纪40年代初开始有了育苗插秧栽培,20世纪50年代以后插秧面积逐渐扩大,逐步发展成直播与插秧并存的两大栽培体系。20世纪80年代以后,插秧面积迅速扩大,到20世纪90年代初以旱育苗稀植栽培为主体的插秧面积已扩大到水稻面积的2/3以上,从此基本上结束了长期直播粗放低产的历史,走向了以育苗插秧为主的精耕细作高产栽培新阶段,寒地水稻旱育稀植栽培技术的推广成为黑龙江省稻作划时代的重大变革。进入21世纪,大、中棚旱育苗技术的大力推广,使育苗质量有了明显提高,为水稻单产的提高奠定了良好基础。育苗方式主要是机插盘育苗、钵体盘育苗、隔离层育苗和新基质育苗等。近年来三膜覆盖、两段式和隔离层增温等超早育苗高效利用积温的育苗方式也在部分地区推广应用。

(二)栽培技术的演变

20世纪50年代开始逐步采用机械耕翻整地,选用良种,改进播种方法,进行合理密植,使水稻产量有了明显提高。20世纪60年代推广水稻大垄栽培畜力中耕除草、塑料薄膜保温育苗和拖拉机水耙地3项新技术,同时使用化学药剂除草,综合措施防治稻瘟病,提高了稻作技术水平。20世纪70年代积极进行灌区整理和方田、条田建设,同时广泛应用化学药剂除草、增加化肥施用量以及改进施肥方法和灌溉技术等,为恢复和发展水稻生产创造了条件。20世纪80年代积极示范和推广盘育苗机械插秧、旱育苗稀植栽培等技术,大幅度地提高了水稻产量,促进了水稻生产的发展。20世纪90年代以后插秧方式主要有机械插秧、人工手插秧、钵育摆栽和人工抛秧等,其中机械插秧具有操作方便、不误农时、省工省力且适合大面积种植的特点,机械插秧面积迅速增加,目前已达到80%。在栽培方式上主要采用了旱育稀植三化栽培技术、超稀植栽培技术、叶龄诊断栽培技术、“三化一管”栽培技术、抗病保优栽培技术、稳健高产栽培技术、绿色稻米标准化生产技术、精确定量栽培技术等。在施肥方式上有较大幅度的转变,测土配方平衡施肥技术正逐渐取代常规施肥方法。在灌溉方式上主要采用淹水灌溉和浅湿干灌溉。在病虫草防治上采用以化学药剂为主的综合防治,近年来生物防治技术研究也取得了一定进展。

三、黑龙江省主推水稻优质高产技术

(一)水稻旱育稀植技术

该技术是一项比较先进的水稻栽培技术,由两部分组成:一是育苗方式由传统的水育秧改为旱育秧,秧苗培育方面重视地上地下同时发展,注重培育良好的根系,提高秧苗素

质。二是插秧方式由密植改为稀植,合理利用光温条件,提高抗病性及分蘖率,结实率较高,增产,节省投入,经济效益高。该技术给黑龙江乃至北方水稻栽培带来了革命性的变化,并且在南方稻区也表现出了良好的增产效果,已成为适用于全国应用的先进技术。

(二)两段式育苗栽培技术

在寒地稻区,采用晚熟品种,通过提早在室内(或温室内)播种,温室–大棚两次育苗,争取更多的有效积温,培育大龄多蘖壮秧,本田超稀植栽培,确保水稻安全成熟,实现高产高效。该技术具有秧苗素质好、分蘖进程快、光合能力强、高产、稳产、经济系数高、经济效益好、不争农时的优势。

(三)寒地水稻旱育稀植三化栽培技术

寒地水稻旱育稀植三化栽培技术的基本内容包括旱育秧田规范化、旱育壮苗模式化、本田管理叶龄指标计划化。其中,旱育秧田规范化是保证旱育壮苗的基础,严格区分湿润育苗与旱育苗秧田地的不同,防止旱育不旱,以湿代旱的倒退做法;旱育壮苗模式化是以旱育为基础,以同伸理论为指导,按秧苗类型模数,以调温控水为手段,育成地上地下均衡发展的标准壮苗,解决旱育秧苗生长无标准、秧苗不壮的问题;本田管理叶龄指标计划化是以主茎叶龄的生育进程、长势长相为指标进行田间的水肥管理,使水稻生育按高产的轨道和各期指标达到安全抽穗,安全成熟,稳产高产。

(四)水稻机插秧同步侧深施肥技术

该技术是使用水稻侧深施肥插秧机和专用肥料,在水稻插秧的同时将基肥和蘖肥一次性呈条状集中施入根系下侧深3~5 cm的泥浆中,肥料距离水稻根系较近,利于根系吸收,有效减少了肥料淋失,提高了土壤对铵态氮的吸附,稻田表层的氮、磷等元素较常规施肥少,藻类、水绵等明显减少,行间杂草长势较弱,减少了肥料浪费,又减轻了环境污染。

(五)稻田综合种养技术

该技术是一种生态种养技术,在稻田放养雏鸭、鱼苗等,利用养殖动物旺盛的杂食性,吃掉稻田内的杂草和害虫;利用养殖动物不间断的活动刺激水稻生长,同时动物粪便可作为肥料,产生中耕、浑水、肥田的效果,从而保证了水稻健壮生长,免施化肥和农药,减少污染,保护生态环境,而且在稻田生产的鸭、鱼等也接近于天然食品,倍受人们青睐,经济、社会和生态效益显著。

(六)水稻两减一节绿色优质高效栽培技术

该技术以减肥、减药、节水为核心目标,进行了技术集成组装配套。一是以减化肥为中心,集成了机械插秧侧深施肥技术,测土配方施肥技术,秸秆还田技术,生物肥、有机肥施用技术等;二是以减农药为中心,集成了大棚旱育壮秧,健身栽培,生物除草,覆膜除草,病虫害生物、物理防控等技术;三是以节水为中心,集成了三旱整地技术、寒地水稻节水控制灌溉技术等,以显著减少灌水定额,进一步提高水资源利用率和节约水资源;四是以抗为中心,集成了抗低温优质高产品种、钵体育壮秧技术等,提高抗低温能力;五是以防为中心,集成了增施锌肥、镁肥,深水护胎,喷施化控剂、磷酸二氢钾等技术,以保护敏感部位、诱导产生内源抗性、改善植株营养状况,防御减轻低温危害。

(七)水稻提质增效营养富硒技术

该技术是针对当前人们对稻米营养的需求,在水稻生长发育过程中,通过外源营养富硒技术来提高稻米的产量和品质,增加抗病抗逆性、促早熟、提高出米率、增加外观品质和食味值,尤其是达到富硒功能,以满足农民增产、企业增效和人民增寿的需求。富硒米是通过植物光合作用合成的天然的植物硒代氨基酸,而非收获后或加工中添加硒,获得的硒含量为0.15~1.00 mg/kg,其中硒代氨基酸含量(硒代蛋氨酸、硒代胱氨酸和硒甲基硒代半胱氨酸含量之和)占总硒含量的65%以上。这种富硒大米的有机硒更易于人体吸收,是人们更安全有效的补硒来源,满足了人们对健康补硒的需求,同时提高了稻谷的附加值。

(八)寒地水稻前氮后移施肥新技术

针对寒地水稻前期氮肥比例过高这一突出问题,根据水稻不同生育期对氮素的需要定量调控氮肥,按土壤和水稻品种特点诊断施用其他肥料,形成了以前氮后移为核心的寒地水稻施肥技术。该技术借助与肥料企业合作研发的粒径、比重基本相同水稻系列肥料进行示范,克服了以往施肥时肥料分层,施肥不匀的问题,真正做到配方施肥,解决了寒地水稻优质高产栽培中氮肥施用的关键问题。

(九)水稻直播技术

水稻直播是将种子直接播在田间的播种方式。黑龙江省的水稻直播栽培主要分布在虎林市、抚远市、同江市、饶河县、富锦市、牡丹江市、海伦市和齐齐哈尔市,随着科学技术的发展,这种一向被认为粗放的栽培方式,近年来,随着一些适合直播的抗倒高产品种的选育成功和新型除草剂、种子包衣机等的研发,已向集约化方向发展,即实现宜直播品种、农业机械化与化学除草配套的高效率的现代化生产方式。直播稻在一定程度上又得以快速推广应用。

(十)寒地水稻秸秆还田技术

水稻的秸秆作为可再生资源,含有大量的微量元素和有机物,是农业生产上重要的有机肥料,秸秆还田能有效地提高土壤有机质含量,改善土壤结构,增加土壤肥力,特别是可以缓解土壤氮、磷、钾的协同关系,弥补磷、钾肥的不足,向作物的生长供给充足的营养物质,同时也不断提升作物吸收土壤养分的有效性,通过秸秆还田的方式将作物从土壤中吸收的养分部分归还给土地,以减少化肥的施用量和缓解养分的过度消耗。

(十一)水稻钵苗育秧栽培技术

水稻钵苗育秧栽培技术是目前我国水稻种植采取的一项先进技术。随着劳动力成本不断上升,水稻生产的比较效益不断下降,进一步提升水稻生产水平,加快水稻综合高产栽培技术的推广,提高产量、提升品质、提高效益、促进增收,成为广大水稻种植户的迫切需求,开展水稻钵苗育秧栽培技术是一个很好的有效途径。

第四节 黑龙江省水稻优质高效富硒技术进展

一、黑龙江省土壤硒分布

植物是人和动物摄入硒营养的主要来源,植物对硒的吸收主要来源于土壤。我国存在一条从东北地区向西南方向经过黄土高原再向西南延伸到西藏高原的低硒带,而黑龙江省位于全国低硒带的始端,是我国缺硒比较严重的省份之一。

2013—2014 年,对黑龙江省大兴安岭山地、小兴安岭山地、东南部山地、松嫩平原和三江平原 5 个自然地理区域具有代表性土壤进行全硒的测定。不同地理区域土壤硒含量差异极大,其中小兴安岭山地(硒含量平均值 0. 198 mg/kg)土壤硒含量显著高于其他地区,其他地区硒含量从高到低依次为东南部山地(硒含量平均值 0. 137 mg/kg)、三江平原(硒含量平均值 0. 137 mg/kg)、松嫩平原(硒含量平均值 0. 131 mg/kg)和大兴安岭地区(硒含量平均值 0. 115 mg/kg)。不同行政市中土壤硒含量也具有明显差异性,全省内以黑河市土壤全硒含量最高(0. 097 ~ 0. 660 mg/kg),大兴安岭地区土壤全硒含量最低(0. 014 ~0. 210 mg/kg)。

2012 年黑龙江省农业地质调查在两大平原发现了两条富硒土壤带,随后黑龙江省国土资源厅组织实施开展中大比例尺(1:50 000)专项富硒土地调查评价工作,其中松嫩平原富硒土壤带核心区域的海伦市约 3 966 km^2 农耕地表层土壤硒元素含量为 0. 002 0 ~0. 870 mg/kg,93. 87% 的农耕土壤为足硒土壤,4. 99% 的土壤为富硒土壤,几乎不存在硒潜在不足和缺硒土壤及无硒中毒地区。松嫩平原南部表层土壤中硒含量为 0. 204 mg/kg,达到了中等程度,处于低硒带分布区。绥棱县农田土壤以足硒为主,足硒土壤占比 88. 00%,富硒土壤占比 3. 90%,硒潜在不足土壤占比 7. 24%,缺硒土壤占比 0. 86%。五常市东部优质水稻种植区土壤属于低硒和缺硒土壤,面积占 90. 37%,足硒土壤面积占 9. 48%,富硒土壤面积仅 0. 15%。克山县土壤表层硒元素含量低于全国平均值,足硒土壤面积达 93. 95%,硒含量不足或缺硒土壤面积占 6. 05%。讷河市表层土壤硒含量低于全国和世界土壤平均值,高于黑龙江省和东北平原平均值,以足硒为主要特征,足硒土地面积达 84. 21%。被誉为"中国富硒大米之乡"的方正县,其土壤全硒含量 0. 030 ~0. 496 mg/kg,黑龙江省的富硒水稻主产区绥滨县土壤硒含量集中在 0. 175 ~0. 400 mg/kg,地处三江平原腹地富硒"核心区"的宝清县,拥有近 6 000 km^2 富硒区域,土壤硒含量为 0. 300 ~0. 400 mg/kg。

根据我国硒元素生态景观安全阈值对土壤硒效应可划分为:缺硒土壤(≤0. 125 mg/kg)、边缘硒土壤(0. 126 ~0. 175 mg/kg)、中等硒土壤(0. 176 ~0. 40 mg/kg)、高硒土壤(0. 41 ~

3 mg/kg)、过量硒土壤(>3 mg/kg)。黑龙江省大兴安岭地区、大庆、佳木斯含盐碱土、风沙土和针叶林土属于缺硒土壤,属于硒缺乏区;伊春、黑河多为暗棕壤,土壤硒含量相对较高,属于中等硒土壤;其他地区为边缘硒土壤,属于硒潜在缺乏区。

二、黑龙江省水稻富硒栽培优质品种选择

优质富硒水稻栽培首先应选择适应当地生态条件、产量较高、米质较优、具有一定富硒能力的水稻品种,而且水稻因地理、进化和人工选择等因素的影响,不同品种对硒元素富集能力不同且差异很大。黑龙江省同一积温带不同品种间水稻硒含量差异较大,研究人员对黑龙江省 75 份品种硒元素含量测定结果显示:相同条件下,不同水稻品种平均硒含量差异都极显著,其中第二积温带品种间差异最大,含量最高的水稻品种含硒量为 83.73 mg/kg,是含硒量最低品种(11.78 mg/kg)的 7 倍。利用水稻富硒能力的差异性,可选择高产、优质、抗性强的水稻品种作为富硒载体,同时还可通过富硒基因型的筛选,获得能适应大田生产且在较大地域范围和较长年限都能保持较高硒含量、稳定生长的广适性品种,进而培育富硒基因型优质水稻新品种(李云等,2017)。除了选择土壤硒富集利用能力具有优势的品种外,还可通过外源喷施硒肥、富硒提质增产等方式进行富硒水稻栽培。黑龙江省佳木斯松花江稻米专业合作社应用黑龙江省农业科学院的“提质增效营养富硒技术”,使稻米硒含量达到 209 μg/kg ,富硒大米市场价格显著提高;拜泉县丰登现代农机合作社种植富硒水稻 2 000 亩,每亩增产 12% ,获得显著的经济效益。

三、黑龙江省水稻外源施加硒的富硒化技术研究进展

(一)外源施用硒肥类型

富硒土壤种植的水稻其籽粒中的硒含量缺乏稳定性,不能满足市场需求。因此,外源硒的施用对富硒地区局限性的突破以及水稻籽粒硒含量增加的稳定性和大规模种植生产具有重大意义。

按照硒肥成分分类,水稻外源硒肥主要分为无机硒肥和有机硒肥。无机硒肥中硒酸盐(硒酸钠)、亚硒酸盐(亚硒酸钠)和硒矿粉等应用较为广泛。叶面喷施硒肥亚硒酸钠(Na_2SeO_3)对水稻具有增产作用并且能够提高籽粒硒含量。近年来,黑龙江省农科院采用高新技术研制了一种含硒固体叶面肥富硒增产剂,为作物提供充足均衡营养,在生产中起到了提硒改质增产的效果。由于土壤中的硒被植物吸收后会在机体中转化为可利用的有机硒蛋白,植物对有机硒的利用率也相对较高,因此富硒水稻栽培也会施用亚硒酸钠加入发酵腐熟或未腐熟的有机肥料制成的有机硒肥。有机硒肥的使用能同时达到富硒和增楼的效果,并且有机硒不会对土壤与水体造成二次污染,有利于精准提升稻米含硒量以及优质富硒稻米的绿色生产。2001 年,黑龙江省大面积推广使用的叶面喷施类液体肥料富硒康(含硒制剂、腐殖酸、氨基酸及各种营养元素)应用于水稻生产中,其具有富硒功能,分蘖期和齐穗期喷施促进水稻生产,改善品质,孕穗期至出花期叶喷能够预防扬花期低温

造成的黑粒、瘪粒、瞎穗晚熟等。另外，黑龙江省水稻生产中也可在叶面喷施富硒有机肥，水稻秧苗始穗期第一次喷施，齐穗期时可再次喷施，同时也可配合有机硅喷雾助器喷洒出雾状液体，以提高硒的有效吸收。

(二)黑龙江省水稻外源富硒方式与时期研究进展

水稻种植能够实现土壤无机硒向更易被人体所吸收利用的有机硒的转化，利用人工外源施硒提高水稻的硒含量，并将无机态硒转变为对人体有益的有机态硒，间接达到提高人体的硒含量的目的，对人体补硒有着重要的意义。因此，应科学用好富硒叶面肥或土施富硒生物有机肥，因地制宜确定叶面补硒用量或土壤施用富硒生物有机肥的用量，促进生物将硒元素转化为硒营养。

当前水稻外源施硒的方式主要包括土壤施硒、拌种和叶面施硒，土壤施硒即直接向土壤施用硒肥的方式提高作物的硒含量，但是土壤施硒容易造成严重的土壤污染，且不容易达到富硒标准，利用率并不高；拌种是通过使用硒肥拌水稻种子的方式增加植物硒含量，不易操作，且用量无法精确掌握，过量易造成作物减产甚至绝产，而稻米中硒含量若过高，又会对人体有害；叶面喷硒是一条安全、简单、易操作的途径。黑龙江省富硒水稻栽培外源硒肥施用以叶面喷施为主，叶面喷施是将硒逐渐渗透在水稻中，并通过水稻自身的反应变化转化为能够被人体吸收的有机硒，从而减少土壤因素对施硒效果的影响，进而降低硒的施用量，而水稻施用有机硒不会对土壤和水体形成二次污染，且能够精准地提高大米的有机硒含量，从而达到优质绿色安全的目的。黑龙江省农业科学院提出的“水稻提质增效营养富硒技术”经多年多地对多个品种开展推广应用和示范，效果显著，在水稻育苗期和扬花末期叶面喷施生物活性硒营养液能够显著提高稻米的硒含量，同时增产、抗病抗逆、抗倒伏、促早熟、提升外观品质和食味值、增加出米率，深受农户、企业、和消费者的好评；开创了政府提倡的水稻提质增效、农民持续增收、企业持续增效和水稻产业链不断延伸的良好局面；研制了富硒增产剂，始穗期每公顷施用 2 250 g，在富硒丰产增效等方面效果显著，先后在五常市、七台河市、富锦市、饶河县、明水县等地应用，示范效果明显——一是增产增收，效益高。“提质增效营养富硒技术”具有抗病、抗倒伏、拮抗重金属和降解农残的优势，减少农药化肥施用量，保护了生态环境，促进了产量和品质的大大提升，使富硒农产品口感好、市场好、附加值高，实现了农户从“种得好”向“卖得好”的转变。二是提质增效，促增收。“提质增效营养富硒技术”推动了农业企业的大力发展，优质的富硒农产品备受消费者青睐，提升了企业市场竞争力，经济效益显著，为当地政府增加了税收。三是绿色健康，保安全。“提质增效营养富硒技术”为广大消费者提供了绿色安全放心的农产品，解决了市场上富硒农产品紧缺的问题。四是示范引领，可推广。未来，黑龙江省农业科学院将持续推进“树典型、推模式、可复制”的成果转化新模式，引导更多的种植基地转型升级，助力乡村振兴，进一步促进农民增收、企业增效、人民增寿、政府增税。

四、黑龙江省富硒优质水稻田间管理研究进展

（一）合理密植

合理密植是水稻增产的重要途径之一。根据当年的气候确定插秧时间，选择无风高温天气插秧，插秧过早因天冷不易缓苗。利用水稻自身调节能力和分蘖特性，充分发挥光照、水、肥、气、热等效能，减少水稻或与杂草间的竞争关系，使植株生长协调、发育健壮，进而达到富硒水稻高产的目的。根据品种分蘖特性确定插秧规格。分蘖力中等的品种，插秧宜采取 30.0 cm × 10.0 cm 行株距，每穴 5 ~ 6 株。分蘖力较强的品种，插秧宜采取 30.0 cm × 13.3 cm 行株距，每穴 4 ~ 5 株。插秧做到行直、穴匀、不窝根，插秧深度不超 2 cm。做到浅栽摆栽，边拔边栽，不栽隔夜苗，提高秧苗成活率。

（二）科学施肥

水稻富硒栽培是利用生物强化的原理，生产出高硒含量的稻米。富硒大米的生产途径，一种是在水稻生长过程外源喷施，经过生物转化，把无机硒转化为有机硒，并储存在水稻中，以便于人体吸收；另外一种就是当地土壤含硒量丰富，生产出来的水稻自然含硒。黑龙江省处于低硒带，因此以外源施硒为主。科学施肥是实现水稻高产稳产，绿色增效的重要措施。按照水稻需肥要求提高肥料利用率，依据因土施肥，看地定量的方法，合理调整肥料三要素与硒等中微量元素的用量，充分发挥水稻的富硒与增产潜力，最大限度提高经济效益。如若施肥不科学，不仅会加大成本，同时还会带来环境和地下水源的污染。黑龙江省方正县富硒水稻栽培中全生育期内控制氮肥，增加磷肥、钾肥的投入，7 月中旬追施尿素，施用总量 15% 的尿素钾肥和总量 30% 的钾肥作穗肥，并于水稻抽穗期至灌浆期 7 月下旬至 8 月中上旬早晨叶面无较大露珠后喷施，天气应晴朗无风。

（三）间歇灌溉

水稻生长阶段对水的需求极为重要，科学的水浆管理不仅能提高稻米的产量还能提升水稻质量。水稻各生长发育期需水量不尽相同，结合生产实际，采用科学合理的灌溉技术高效利用水资源，既能保证水稻生育期的需水要求，又能提高水稻的产量和稻米品质。黑龙江省第二积温带水稻绿色栽培中，在插秧后到返青前灌苗高 2/3 深的水层；有效分蘖期灌 3 cm 浅水，末期进行排水晒田，晒田达到池面有裂缝，晒 5 ~ 7 d 后恢复水层；孕穗至抽穗前，灌水 4 ~ 6 cm，水稻减数分裂期遇到 17 ℃以下则低温灌水 18 ~ 20 cm；抽穗扬花期，灌水 5 ~ 7 cm，灌浆到蜡熟间歇灌水。富硒水稻种植中也应注意间歇灌溉、适时晒田，颖壳黄熟后撤水，以增强植株抗病抗逆能力，提高结实率。

黑龙江省绥棱县富硒水稻栽培要求间歇灌溉，营养生长阶段保持浅水，有助于分蘖的发生和生长，加快形成高产所需的群体基础，促进分蘖。当田间群体达到适宜穗数的 80% 时开始烤田，以控制无效分蘖的发生，促进有效分蘖的生长，提高成穗率，同时减轻纹枯病的危害，增强植株抗倒伏能力，延长生殖生长时间，促长大穗。在幼穗分化开始前及时复水,复水后坚持间歇灌溉,保证灌浆阶段籽粒充实所需水分,直到蜡熟期方可断水。

(四)绿色植保

黑龙江省优质富硒水稻栽培采取生物防治、物理防治和化学调控等环境友好型防控技术措施来防控病、虫、草等。“预防为主,综合防治”,积极采取各种有效的措施,提高富硒稻的抗性及经济效益。多数优质稻后期绿叶面积大,植株糖分含量高,易受病虫危害,农业生产中可使用诱虫板或诱捕器杀虫,插秧结束后将诱虫板固定在竹竿上,距离水面10 cm插入水稻田,每公顷放置数量225个,或在水稻田距离水面90 cm插入性信息素诱捕器,每公顷放置数量15~45个;也可采用鸭稻共养的方式防治害虫。抽穗始期及齐穗后及时防治稻瘟病、纹枯病,选择广谱、高效、低毒、残留、应施用残留期短的药剂进行防治,应施用残留期短于10 d的农药,不要施用有机磷类农药,如甲胺磷、水胺磷、久效磷、氰戊菊酯、氧化乐果、呋喃丹等,最好施用生物农药。此外,在稻田除草剂的选择方面,不能使用甲磺隆、除草醚等。

参考文献

迟凤琴, 徐强, 匡恩俊, 等 , 2016. 黑龙江省土壤硒分布及其影响因素研究[J]. 土壤学报, 53(5): 1262 -1274.

迟凤琴, 匡恩俊, 张久明, 等 , 2014. Se肥施用方式和施用时期对水稻含Se量及产量的影响[J]. 农业资源与环境学报, 31(6): 560 -564.

高世伟, 聂守军, 刘晴, 等 ,2020. 黑龙江省水稻产业现状分析及未来发展思路[J]. 中国稻米,26(02): 104 -106.

高世伟,2014. 黑龙江省“十五”“十一五”育成水稻品种对比分析[J]. 北方水稻, 44(3): 27 -29.

高世伟, 聂守军, 常汇琳, 等 , 2018. 黑龙江省“十二五”期间育成的水稻品种基本情况分析[J]. 中国稻米, 24(1): 33 -37.

高世伟, 聂守军, 史淑春, 等 , 2016. 黑龙江省第二积温带水稻产量性状分析[J]. 中国稻米, 22(5): 44 -47.

郭天宇,2016. 叶面喷施不同硒肥对水稻含硒量、产量及品质的影响[D]. 哈尔滨:东北农业大学.

黄晓群, 张淑华, 赵海新, 等 , 2009. 黑龙江省水稻品种现状分析及研发对策[J]. 黑龙江农业科学(6): 40 -43.

姜侠, 张立, 崔玉军, 等 , 2020. 黑龙江省绥棱县土壤硒空间分布特征及其与土壤性质的关系[J]. 地质与资源, 29(6) : 592 -596.

来永才, 孙世臣, 赵双 ,2020 . 近十年黑龙江水稻品种及骨干亲本[M]. 哈尔滨 : 哈尔滨工程大学出版社.
李文枫，毕洪文，黄峰华，等,2020. 黑龙江省水稻产业发展现状及展望[J]. 农业展望，16(12)：48－53,64.
李洪亮，孙玉友，侯国强，等，2021. 寒地粳稻产量及其主要构成性状间的关系[J]. 干旱地区农业研究，39(03)：107－112.
刘晴，刘宇强，高世伟，等，2017. 黑龙江省第二积温带水稻新品种产量稳定性分析[J]. 中国稻米，23(2)：50－52.
刘宝海,2006. 黑龙江省新审定水稻品种品质性状分析[J]. 中国农学通报，22(2)：171－175.
刘凯，杜守营，戴慧敏，等，2020. 黑龙江省五常市东部土壤中硒分布及影响因素[J]. 地质与资源，29(6)：597－602.
李云，林硕，金磊，等，2017. 富硒水稻生产技术研究进展[J]. 安徽农学通报，23(16)：54－56.
李芊夏，2018. 土施硒肥对土壤不同形态及不同价态硒含量的影响[J]. 农业与技术，38(08)：9－12.
苗百更，马文东，李智媛，等,2016. 寒地水稻种质资源品质性状特性及聚类分析研究[J]. 黑龙江农业科学(08)：1－5.
聂守军,2009. 寒地水稻产量稳定性分析[J]. 中国稻米,15(3):18－20.
聂守军，史冬梅，高世伟，等,2012. 黑龙江省“十一五”审定水稻品种品质性状分析[J]. 中国稻米，18(5)：53－58.
聂守军，张广彬，高世伟，等，2012. 寒地水稻核心种质绥粳3号的创新与利用[J]. 北方水稻，42(1)：31－33.
聂守军，史冬梅，高世伟，等，2012. 寒地水稻产量构成分析. 黑龙江农业科学(3)：33－37.
潘国君,2014. 寒地粳稻育种[M]. 北京：中国农业出版社.
乔金玲，张景龙,2017. 中国富硒大米的研究与开发[J]. 北方水稻，48(1)：57－59.
孙梓耀，王菲，崔玉军，2016. 黑龙江省松嫩平原南部土壤硒元素的有效性 与生态效应[J]. 黑龙江农业科学(9)：43－48.
唐国江，胡海瑛，孙洪波,2006. 富硒康在水稻上的应用效果[J]. 中国稻米(1)：40.
王守聪,2021. 黑龙江垦区水稻产业发展现状与对策[J]. 中国稻米,27(04)：101－103,106.
王洁，张瑜，张星，等，2009. 水稻富硒栽培研究进展[J]. 河北农业科学,13(6)：24－26.
王永力，李琬，张国民,2016. 黑龙江省富硒水稻品种筛选[J]. 黑龙江农业科学(6)：1－3.
肖佳雷，辛爱华，张国民，等,2009. 黑龙江省不同积温带水稻株型特点分析[J]. 作物杂志(2):104－106.
向铎云,2005. 推广稻鸭共生技术培育富硒优质大米[J]. 作物杂志(3):4－5.
徐强, 迟凤琴, 匡恩俊, 等, 2016. 基于通径分析的土壤性质与硒形态的关系:以黑龙江省主要类型土壤为例[J]. 土壤, 48(5):992－999.
徐强, 迟凤琴, 匡恩俊, 等, 2016. 方正县土壤全硒空间变异研究[J]. 中国土壤与肥料(1):18－25.
徐强, 迟凤琴, 匡恩俊, 等, 2015. 方正县土壤硒的分布特征及其与土壤性质的关系[J]. 土壤通报,46(3):597－602.
印遇龙, 颜送贵, 王鹏祖, 等,2018. 富硒土壤生物转硒技术的研究进展[J]. 土壤, 50(6):1072－1079.
于秋竹,2014. 黑龙江省不同积温带水稻产量和品质及株型研究[D]. 哈尔滨:东北农业大学.
袁少文, 2020. 寒地有机富硒水稻的种植栽培研究[J]. 农业开发与装备(1):208－209.
邹德堂, 赵宏伟, 2008. 寒地水稻优质高产栽培理论与技术[M]. 北京:中国农业出版社.
郑桂萍, 蔡永盛, 赵洋, 等, 2015. 利用AMMI模型进行寒地水稻品质分析[J]. 核农学报, 29(02):296－300.
张立, 刘国栋, 吕石佳, 等, 2019. 黑龙江省海伦市农耕区土壤硒分布特征及影响因素[J]. 现代地质,33(5):422－429.
张哲寰, 赵君, 宋运红, 等, 2020. 黑龙江省克山县土壤－作物系统硒元素地球化学特征[J]. 地质与资源, 29(6):585－591.
张君, 戴慧敏, 贺鹏飞, 等, 2020. 黑龙江省讷河市土壤－作物系统 Se 元素地球化学特征[J]. 地质与资源, 29(1):38－43.
张久明, 迟凤琴, 匡恩俊, 等, 2016. 绥滨县土壤硒含量及水质状况[J]. 黑龙江农业科学(11):34－37.
朱建军, 刘利华, 2004. 富硒增产剂在绿色稻米上的应用效果[J]. 有机农业与食品科学, 20(6):50.

第四章　水稻提质增效营养富硒技术研究

第一节　移栽水稻提质增效营养富硒技术研究

一、研究目标

硒是一种人体必需的微量膳食矿物质，人体自身无法合成硒元素，只能从外界获取，目前国内外认为最安全有效且经济的补硒方式是通过食物链补硒。缺硒（≤11 μg/d）可导致克山病，长期达不到建议的硒摄入量会出现多种疾病症状，包括：甲状腺功能减退、生育能力低下、免疫系统减弱和对感染病毒的易感性增加等。因此硒对维护人体健康起着非常重要的作用。

植物对硒的生物强化是提高人类食物中硒含量和膳食硒摄入量的一种方法。富硒产业集绿色农业、功能农业、健康产业于一体，是一、二、三产业融合发展的产业。根据《“健康中国2030”规划纲要》的要求，我国到2030年，主要健康危险因素都将得到有效控制，健康生活方式将得到全面普及，有利于健康的生产、生活环境也将基本形成。

中国是一个水稻种植大国，大多数人以大米为主食，因此大米成了人体非常重要的硒摄入源。然而我国的大部分地区为缺硒地带，种植出来的大米中硒含量也相应较低，因此，通过施用外源硒来增加大米中硒含量，以改善人体对硒的需求非常有必要。

通过机械化插秧提质增效富硒技术研究，可以将普通水稻升级为功能性富硒水稻，满足人们的健康需求。同时富硒大米的价格和产量均高于普通大米，能够达到农民增收、脱贫致富的目的。水稻提质增效营养富硒技术为哈尔滨市及省内其他地区水稻种植（优质化栽培）提供可复制、可推广的运行机制和“农作物提质增效营养富硒技术”模式，为推动黑龙江省农业科技发展，开通绿色通道，按下快捷键，开辟新途径。

二、研究方法

（一）水稻生物活性壮苗剂的功能

水稻生物活性壮苗剂是以生物活性物质为核心，同时聚合多元生物有机酸、氨基酸、各种微量元素组成的水稻壮苗营养液；能促进秧苗根系有机酸的分泌，在根系周边形成微酸环境，保持秧苗循环体系的畅通，明显提高秧苗吸收养分的能力。

（二）施用方法

1. 苗期施用

在水稻苗期一叶一心、二叶一心、三叶一心时期喷施生物活性水稻壮苗增效剂各一次，用量为50倍稀释（1瓶300 mL兑水15 kg）叶面喷施，无须洗苗。

2. 大田施用

在苗期施用生物活性壮苗剂的基础上，在孕穗期、扬花期喷施生物活性硒营养液各一次，用量为1 kg/hm^2，兑水80 kg，用无人机均匀喷施。

（三）调查项目

对水稻苗期秧苗素质和大田水稻抗性、米质、产量、硒含量、农残含量、重金属含量进行调查和分析，以及对生物活性硒水稻与未喷对照水稻的基因转录组进行分析，明确富硒提质增效机理，构建“农作物提质增效营养富硒技术”模式。

三、研究结果

（一）生物活性水稻壮苗剂对水稻早期表观影响

1. 对水稻苗期的影响

通过对不同地区、不同品种、不同施用时期的秧苗进行取样调查，得出结果：使用生物活性壮苗剂的处理组与对照组相比，茎基部宽度，叶片宽度，整株干鲜重，茎叶、根干鲜重都有不同程度增加，使用生活性壮苗剂的秧苗素质明显优于对照组（图4－1、图4－2、表4－1、表4－2、表4－3）。

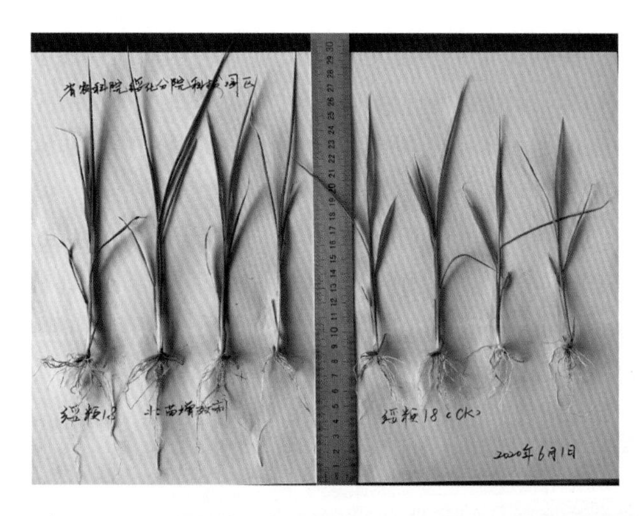

图4－1　2020年5月25日苗期第3次喷施秧苗长势（黑龙江省农业科学院绥化分院）

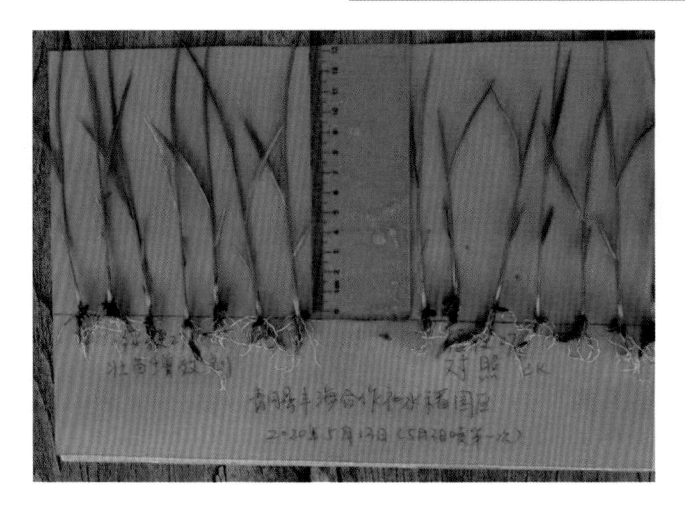

图 4－2 2020 年 5 月 3 日苗期喷施 1 次秧苗长势（青冈县丰海合作社水稻园区）

表 4－1 兰西县临江镇荣河村水稻苗期素质调查（2021 年 5 月 11 日，龙稻 18）

样本：龙稻 18（处理对照各三次重复）	茎基部平均宽度/mm	整株鲜重/g	根鲜重/g	茎叶鲜重/g	整株干重/g	根干重/g	茎叶干重/g
壮苗剂处理一（50 株）	2.29	11.79	4.70	7.07	2.39	0.79	1.60
壮苗剂处理二（50 株）	2.32	11.91	4.89	7.02	2.41	0.79	1.62
壮苗剂处理三（50 株）	2.33	11.97	4.89	7.08	2.40	0.76	1.64
对照（CK）一（50 株）	2.05	9.04	4.03	5.01	1.85	0.70	1.15
对照（CK）二（50 株）	2.07	9.74	4.48	5.26	1.87	0.72	1.15
对照（CK）三（50 株）	2.10	10.26	4.77	5.49	2.05	0.76	1.29
壮苗剂处理平均值	2.31	11.89	4.83	7.06	2.40	0.78	1.62
对照（CK）平均值	2.07	9.68	4.43	5.25	1.92	0.73	1.20
增加（增幅）	0.24（11.6%）	2.21（22.8%）	0.40（9.0%）	1.81（34.5%）	0.48（25.0%）	0.05（6.8%）	0.42（35.0%）

表 4－2 兰西县临江镇荣河村水稻苗期素质调查（2021 年 5 月 11 日，龙稻 363）

样本：龙稻 363（处理对照各三次重复）	茎基部平均宽度/mm	整株鲜重/g	根鲜重/g	茎叶鲜重/g	整株干重/g	根干重/g	茎叶干重/g
壮苗剂处理一（50 株）	2.38	11.86	4.72	7.14	2.37	0.74	1.63
壮苗剂处理二（50 株）	2.46	12.54	5.51	7.03	2.49	0.83	1.66
壮苗剂处理三（50 株）	2.39	11.98	4.78	7.20	2.39	0.75	1.64
对照（CK）一（50 株）	2.02	9.11	4.07	5.04	1.82	0.67	1.15
对照（CK）二（50 株）	2.17	9.91	4.58	5.33	1.86	0.72	1.14
对照（CK）三（50 株）	2.17	10.30	4.78	5.52	2.09	0.78	1.31

表 4 -2(续)

样本:龙稻 363 (处理对照各三次重复)	茎基部平均宽度/mm	整株鲜重/g	根鲜重/g	茎叶鲜重/g	整株干重/g	根干重/g	茎叶干重/g
壮苗剂处理平均值	2.41	12.13	5.00	7.12	2.42	0.77	1.64
对照(CK)平均值	2.12	9.77	4.48	5.30	1.92	0.72	1.20
增加(增幅)	0.29 (13.7%)	2.36 (24.2%)	0.52 (11.6%)	1.82 (34.3%)	0.50 (26.0%)	0.05 (6.9%)	0.44 (36.7%)

表 4 -3　黑龙江省农科院民主园区水稻苗期素质调查(2020 年 6 月 11 日,中龙粳 100)

水稻品种:中龙粳 100	茎基部宽/mm	四叶宽/g	三叶宽/g	整株鲜重/g	根鲜重/g	茎叶鲜重/g	整株干重/g	根干重/g	茎叶干重/g
壮苗齐处理(50 株)	3.09	4.89	3.75	25.20	6.31	18.89	5.25	1.14	4.11
对照(CK)(50 株)	2.92	4.50	3.54	22.16	5.86	16.38	4.83	1.10	3.73
增加(增幅)	0.17 (5.8%)	0.39 (8.7%)	0.21 (5.9%)	3.04 (13.7%)	0.45 (7.7%)	2.51 (15.3%)	0.42 (8.7%)	0.04 (3.6%)	0.38 (10.2%)

2. 对水稻分蘖期影响

水稻插秧缓苗后,通过对水稻进行定位实验,持续调查其分蘖情况。每个处理取 1 m^2,并设置重复。通过田间调查,使用生物活性壮苗剂的处理组与对照组相比(图 4 -3),水稻分蘖都有增加,平均每株增加分蘖 0.02 ~ 1.6 个不等(表 4 -4、表 4 -5),为后期水稻增产奠定基础。

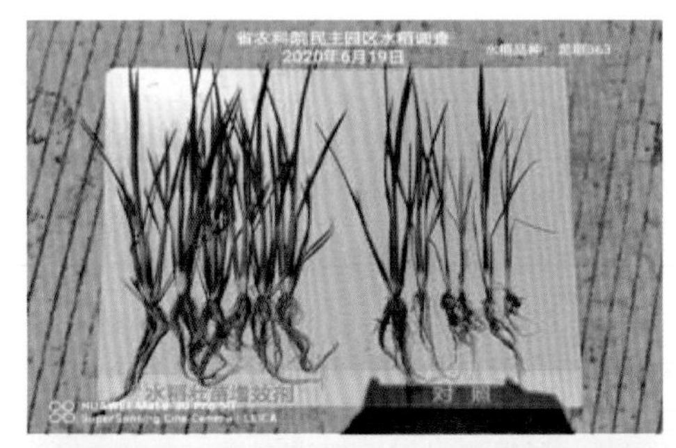

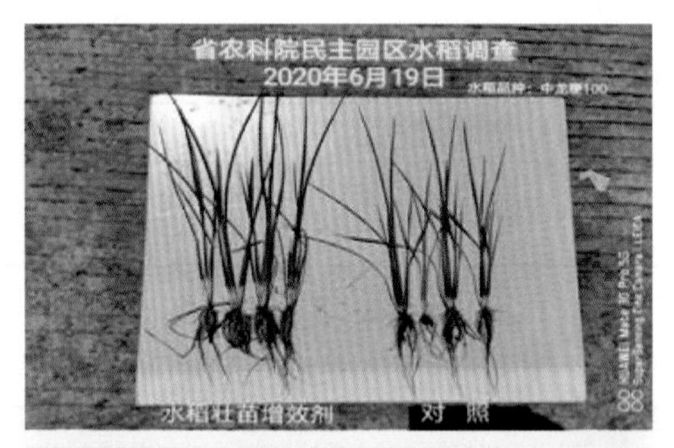

图 4 -3　施用生物活性剂插秧后田间定位分蘖表现图

表 4－4 青冈县兴化镇水稻园区喷施壮苗增效剂苗期素质调查（2020 年 6 月 11 日）

调查地点	壮苗剂处理				对照			备注
通泉村水稻种植园区农户：温家良	平均值	每穴株数/株	每穴分蘖数/株	平均每株分蘖数/株	每穴株数/株	每穴分蘖数/株	平均每株分蘖数/株	插秧期：5.23；返青期：5.31；株高：37 cm；插秧规格：9 寸[①]×3 寸
	一区平均值	8.04	7.55	0.94	7.47	6.21	0.83	
	二区平均值	7.2	6.05	0.84	7.29	5.67	0.78	
	三区平均值	7.17	6.03	0.84	7.14	5.88	0.82	
	3 个区平均值	7.47	6.54	0.88	7.30	5.92	0.81	
通泉村水稻种植园区农户：孙信	一区平均值	5.63	7.82	1.39	5.18	7.96	1.54	插秧期：5.23；返青期：5.31；株高：37 cm；插秧规格：9 寸×3 寸
	二区平均值	4.85	7.94	1.64	5.06	6.98	1.38	
	三区平均值	4.9	6.93	1.41	4.63	6.81	1.47	
	3 个区平均值	5.13	7.56	1.48	4.96	7.25	1.46	
丰海合作社水稻种植园区	一区平均值	8.44	7.11	0.84	7.62	6.31	0.83	插秧期：5.20；返青期：5.29；株高：38 cm；插秧规格：9 寸×3 寸
	二区平均值	8.31	7.1	0.85	7.92	6.26	0.79	
	三区平均值	7.66	6.67	0.87	7.49	6.38	0.85	
	3 个区平均值	8.14	6.96	0.86	7.68	6.32	0.82	

表 4－5 兰西县喷施生物活性壮苗剂秧苗素质调查（2021 年 5 月 23 日—2021 年 7 月 7 日）

地点	水稻品种：龙稻 18		2021 年 5 月 23 日基本株数	2021 年 6 月 21 日总蘖数	2021 年 7 月 5 日总蘖数	每株分蘖数	平均每株分蘖数	平均每株增加分蘖数
兰河乡臧占臣	对照	对照 1（26 穴）	213	322	539	2.53	2.78	0.34
		对照 2（26 穴）	189	367	579	3.06		
	生物活性壮苗剂处理	处理 1（26 穴）	189	405	597	3.16	3.12	
		处理 2（26 穴）	170	448	522	3.07		
临江镇杨金友	水稻品种：龙稻 18		2021 年 5 月 24 日基本株数	2021 年 6 月 22 日总蘖数	2021 年 7 月 7 日总蘖数	每株分蘖数	平均每株分蘖数	平均每株增加分蘖数
	对照	对照 1（22 穴）	115	286	289	2.51	2.59	0.26
		对照 2（22 穴）	122	331	326	2.67		
	生物活性壮苗剂处理	处理 1（22 穴）	101	285	295	2.92	2.85	
		处理 2（22 穴）	110	310	307	2.79		

① 1 寸＝3.33 cm。

表 4－5(续)

泥河水库李兴山	水稻品种:松粳 22		2021 年 5 月 25 日基本株数	2021 年 6 月 23 日总蘖数	2021/7/6 总蘖数	每株分蘖数	平均每株分蘖数	平均每株增加分蘖数
	对照	对照 1(24 穴)	102	235	361	3.54	3.82	0.30
		对照 2(24 穴)	90	260	373	4.14		
	生物活性壮苗剂处理	处理 1(24 穴)	140	386	588	4.20	4.12	
		处理 2(24 穴)	139	448	562	4.04		

“龙稻 363”的 A、B、C 三区均为常规人工插秧(每穴株数不定),“中龙粳 100”每穴单株插秧。处理组为水稻苗期使用生物活性水稻壮苗剂(一叶一心、两叶一心、三叶一心各喷施一次),对照组为育苗期未使用生物活性水稻壮苗剂。分别于 6 月 10 日、6 月 19 日、6 月 24 日进行秧苗分蘖情况调查。通过表 4－6 可知,2 个品种均为:处理组在不同时期的分蘖数明显高于对照组,且在 6 月 24 日水稻分蘖盛期的单株分蘖数差异非常显著。

表 4－6　农科院民主园区喷施生物活性壮苗剂秧苗素质调查

农科院民主园区水稻本田样本	调查日期						
	5 月 31 日秧苗株数	6 月 10 日总蘖数	6 月 19 日总蘖数	6 月 24 日总蘖数	6 月 10 日每株平均分蘖数	6 月 19 日每株平均分蘖数	6 月 24 日每株平均分蘖数
龙稻 363－A 区处理	237	506	742	831	1.1	2.1	2.5
龙稻 363－A 区对照	273	503	764	848	0.8	1.8	2.1
龙稻 363－B 区处理	299	629	860	1103	1.1	1.9	2.7
龙稻 363－B 区对照	289	498	758	989	0.7	1.6	2.4
龙稻 363－C 区处理	262	394	648	857	0.5	1.5	2.3
龙稻 363－C 区对照	290	368	613	722	0.3	1.1	1.5
中龙粳 100(单株)处理	50	156	271	482	2.1	4.4	8.6
中龙粳 100(单株)对照	50	118	241	391	1.4	3.8	6.8

(二)生物活性水稻壮苗剂对水稻早期表观影响机理分析

为进一步研究生物活性硒对水稻的影响,我们对应用生物活性硒的水稻与对照水稻进行了基因转录组分析(图 4－4),通过转录组分析,得出以下 6 个结果。

影响一:稻苗 K05350、K01188、K01179、K15920 这 4 个通路的相关基因表达量相比对照组显著提高(表 4－7),进而促使 β－葡萄糖苷酶、内切葡聚糖酶、1,4－β－木糖苷酶的活力大幅度提升,而这 3 种酶的功能是降解细胞壁中的纤维素,导致植物细胞壁被破坏,

为细胞的增大提供了先决条件。

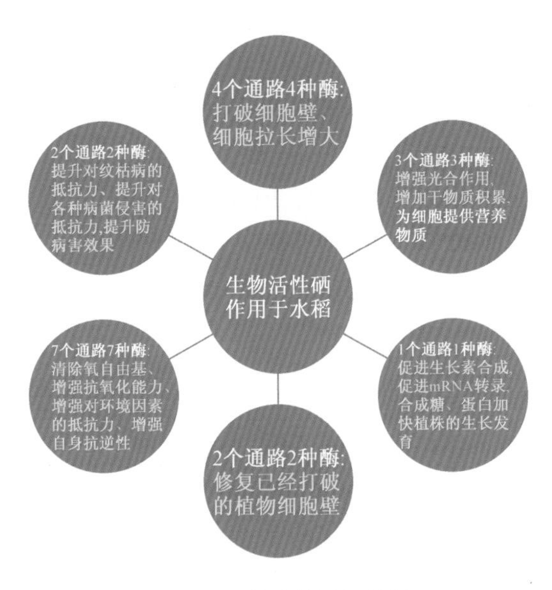

图 4－4　基因转录组分析

表 4－7　K05350、K01188、K01179、K15920 四个通路的相关基因表达量分析

通路	基因 ID	调控蛋白(酶)	壮苗剂 VS 对照
K05350	os08g0245200 os08g0448000 Os01g0901600 os07g0280200 Os02g0697400	4－香豆酸酯－CoA 连接酶 bglB;β－葡萄糖苷酶	该通路基因的综合表达量显著提高,导致 4－香豆酸酯－CoA 连接酶活力提升
K01188	Os09g0491100 Os06g0320200 Os10g0323500 等 12 个基因	β－葡萄糖苷酶	该通路基因的综合表达量显著提高,导致 β－葡萄糖苷酶活力提升
K01179	os06g0256900 Os09g0530200 Os04g0497200 Os02g0733300 Os03g0736300	内切葡聚糖酶	该通路基因的综合表达量显著提高,导致内切葡聚糖酶活力提升。内切葡聚糖酶是纤维素酶系最主要的成分,可以将可溶性纤维素水解成还原性的寡糖。 这一功能对于打破植物细胞壁的纤维素结构有重要作用,为细胞体积增大提供了先决条件

表4-7(续)

通路	基因ID	调控蛋白(酶)	壮苗剂 vs 对照
K15920	os01g0296700 Os04g0640700	XYL4;木聚糖1,4-β-木糖苷酶	该通路基因的综合表达量显著提高,导致XYL4活力提升。作用:是木聚糖酶酶系的一种酶,其功能主要是降解半纤维素中最常见及含量最高的组分——木聚糖。这一功能对于打破植物细胞壁的纤维素结构有重要作用,为细胞体积增大提供了先决条件

影响二:稻苗K00025、K00026、K00695、K01087这4个通路的相关基因表达量相比对照组极显著提高(表4-8),进而促使苹果酸脱氢酶、蔗糖合酶、海藻糖6-磷酸酶的活力大幅度提升,而这3种酶的功能是加强光合作用效率、促进干物质积累,为细胞壁已经破碎的细胞提供营养物质。

表4-8 K00025、K00026、K00695、K01087四个通路的相关基因表达量分析

通路	基因ID	调控蛋白(酶)	壮苗剂 vs 对照
K00025	Os04g0551200	MDH1;苹果酸脱氢酶	该通路基因的综合表达量显著提高,导致MDH1活力提升
K00026	os05g0574400		
	os01g0829800		
K00695	os04g0249500	蔗糖合酶	该通路基因的综合表达量显著提高,导致蔗糖合酶活力提升
	Os03g0401300		
	os04g0309600		
K01087	Os02g0661100	otsB;海藻糖6-磷酸酶	该通路基因的综合表达量显著提高,导致otsB活力提升
	Os02g0753000		
	os07g0624600		
	Os09g0369400		

影响三:稻苗K11816这个通路的相关基因表达量相比对照组极显著提高(表4-9),进而促使吲哚-3-丙酮酸单加氧酶的活力大幅度提升,而这种酶的功能是促进生长素(IAA)的合成,进而促进相关的mRNA转录,为细胞壁破损的细胞合成糖类、蛋白类等物质,加快植株的生长发育。

表4-9　K11816通路的相关基因表达量分析

通路	基因ID	调控蛋白(酶)	壮苗剂 vs 对照
K11816	os01g0224700	吲哚-3-丙酮酸单加氧酶	该通路基因的综合表达量显著提高,导致吲哚-3-丙酮酸单加氧酶活力提升。作用:该酶类物质为吲哚丙酮酸合成途径,其活力的提高可以大幅度提升生长素(IAA)的合成效率,促进细胞壁破裂重组,并增加干物质的积累从而提升作物生长效率
	os01g0274100		
	Os03g0162000		

影响四:稻苗K01904、K13508这2个通路的相关基因表达量相比对照组极显著提高(表4-10),进而促使4-香豆酸酯-CoA连接酶、3-磷酸甘油酰基转移酶的活力大幅度提升,而这2种酶的功能是参与细胞壁的合成,对于修复已经打破的植物细胞壁有重要作用。

表4-10　K01904、K13508两个通路的相关基因表达量分析

通路	基因ID	调控蛋白(酶)	壮苗剂 vs 对照
K01904	os08g0245200	4-香豆酸酯-CoA连接酶bglB;β-葡萄糖苷酶	该通路基因的综合表达量显著提高,导致4-香豆酸酯-CoA连接酶活力提升
	os08g0448000		
	Os01g0901600		
	os07g0280200		
	Os02g0697400		
K13508	Os12g0563000	GPAT;3-磷酸甘油酰基转移酶	该通路基因的综合表达量显著提高,导致GPAT连接酶活力提升
	os05g0457800		
	Os01g0855000		
	Os01g0631400		
	os11g0679700		
	os05g0448300		
	Os03g0832800		

影响五:稻苗K00128、K00430、K00454、K08695、K00799、K01183、K13412这7个通路的相关基因表达量相比对照组极显著提高(表4-11),进而促使乙醛脱氢酶、过氧化物酶、脂氧合酶、花青素还原酶、谷胱甘肽S-转移酶、几丁质酶、钙依赖性蛋白激酶的活力

大幅度提升，而这7种酶的功能是快速清除氧自由基同时增加作物自身的抗氧化能力，增加植株对冷害、涝灾、干旱、盐胁迫等环境因素的抵抗力，增加植物自身对病菌侵害、害虫侵害的防御能力等，有效提升作物自身的抗逆性。

表4-11 K00128、K00430、K00454、K08695、K00799、K01183、K13412七个通路的相关基因表达量分析

通路	基因ID	调控蛋白(酶)	壮苗剂vs对照
K00128	Os04g0540600 os02g0647900 os02g0646500	ALDH；乙醛脱氢酶(NAD +)	该通路基因的综合表达量显著提高，导致ALDH活力提升
K00430	os07g0677100 Os04g0688100 os10g0536700 … 等49个基因	过氧化物酶	该通路基因的综合表达量显著提高，导致过氧化物酶活力提升
K00454	Os08g0509100 os12g0559934 os08g0508800	LOX；脂氧合酶	该通路基因的综合表达量显著提高，导致LOX活力提升
K08695	os04g0630900 os04g0630800 os04g0630600 Os04g0630100 Os04g0630300	ANR；花青素还原酶	该通路基因的综合表达量显著提高，导致ANR活力提升
K00799	Os03g0135100 Os10g0528900 os01g0949700 等25个基因	GST；谷胱甘肽S-转移酶	该通路基因的综合表达量显著提高，导致GST活力提升
K01183	Os05g0247100 os01g0860500 os11g0462100 等9个基因	几丁质酶	该通路基因的综合表达量显著提高，导致几丁质酶活力提升。作用：①参与植物的发育调控；②参与植物抗胁迫反应，如抗真菌、抗细菌、抗虫害、抗线虫及螨等，同时拮抗重金属、渗透压、低温和干旱等不利条件；③参与共生固氮作用，主要以几丁质酶通过控制结瘤因子水平来使植物与根瘤菌达到共生平衡

表 4-11(续)

通路	基因 ID	调控蛋白(酶)	壮苗剂 vs 对照
K13412	Os02g0126400 os01g0832300 Os10g0539600	CPK;钙依赖性蛋白激酶	该通路基因的综合表达量显著提高,导致 CPK 活力提升。作用:植物钙依赖性蛋白激酶(CDPK)作为钙离子的感受器,在植物调控自身代谢及其对外界环境的抗逆性适应性中具有重要作用

影响六:稻苗 K13449、K15397 这 2 个通路的相关基因表达量相比对照组极显著提高(表 4-12),进而促使 PR1、RPM1 的活力大幅度提升,而这 2 种酶的功能分别是提升水稻对纹枯病的抵抗力、提升水稻自身对各种病菌侵害的抵抗力等,对于水稻苗期防病害效果有显著提升。

表 4-12　K13449、K15397 两个通路的相关基因表达量分析

通路	基因 ID	调控蛋白(酶)	壮苗剂 vs 对照
K13449	os07g0124900 os07g0129300 os01g0382400 Os01g0382000 os07g0129200 os07g0126301 Os10g0191300 os07g0125500	PR1;发病相关蛋白 1	该通路基因的综合表达量相比对照显著下降,说明 PR1 酶活力下降。作用:PR1 的表达,说明水稻处于纹枯病致病状态下,而处理组经过生物活性硒处理后,PR1 表达量显著低于对照组,说明其处理对于水稻纹枯病的抗病性有显著提升
K15397	os06g0698802 os11g0229400 os11g0228600 … 等 11 个基因	RPM1, RPS3;抗病蛋白 RPM1	该通路基因的综合表达量显著提高,导致抗病蛋白 RPM1 活力提升。作用:抗病蛋白 RPM1 是一种抗病能力较强的功能型蛋白,对于提升作物自身的抗病性有极显著功效。K15397 通路下的 11 个基因综合表达量的提高,对于 RPM1 酶活力的提升有显著效果,其抗病性相比对照组将得到显著提升

水稻苗期使用生物活性壮苗剂后，之所以有稻苗叶色浓绿，根系发达，茎基部扁平粗壮，抗病性增强，插秧后扎根好，缓苗快，有效分蘖数增加等优异表现，基因转录组分析的结果为其提供了强大的理论支持，同时也为水稻增产、增强抗病抗逆性、改善米质提供了佐证。

（三）生物活性增效富硒营养液喷施对水稻提质增效作用

1. 稻米外观品质评定

通过对第三积温带水稻品种绥粳4进行富硒技术试验，如图4－5可知，使用生物富硒技术的稻米外观品质达到国际一级稻米标准。富硒比不富硒食味评分提高了近10分（表4－13）。

大米外观品质评定结果

ES-1000 Ver.07274 532320
测定日期 2019年3月05日 10时13分
判定级别 精米NO.01
生产者 0000000000000
生产者名称： ABC
样品编号 0000000027
样品名称 ■■ｵｽR■X
测定粒数 991

大分类	粒数	重量%
完善粒	928粒	95.8%
碎 粒	32粒	1.7%
其 他	31粒	2.5%

大分类	粒数	粒数%
完善粒	928粒	93.6%
碎 粒	33粒	3.2%
其 他	31粒	3.1%

分 级 S

白度值 43.6 (43.5)

垩白粒率 2.8%
垩白度 1.5%

MEMO

认定编号：030201
机体编号：B-040006
Shizuoka Seiki Co.,Ltd.

大米外观品质评定结果

ES-1000 Ver.07274 532320
测定日期 2019年3月05日 10时13分
判定级别 精米NO.01
生产者 0000000000000
生产者名称： ABC
样品编号 0000000027
样品名称 ■■ｵｽR■X
测定粒数 991

大分类	粒数	重量%
完善粒	928粒	95.8%
碎 粒	32粒	1.7%
其 他	31粒	2.5%

大分类	粒数	粒数%
完善粒	928粒	93.6%
碎 粒	32粒	3.2%
其 他	31粒	3.1%

分 级 S

白度值 43.6 (43.5)

垩白粒率 2.8%
垩白度 1.5%

MEMO

认定编号：030201
机体编号：B-040006
Shizuoka Seiki Co.,Ltd.

图4－5 绥粳4富硒（左边）和绥粳4对照（右边）

表4－13 绥粳4号稻米食味实验结果

品种名称		样品组	外观	口感	硬度	黏度	平衡度	弹性	综合评分
对照（CK）	绥粳4号	6	5.8	6.5	4.23	0.17	0.04	0.71	67.7
	绥粳4号	6	5.5	6.3	5.72	0.20	0.03	0.77	67.7
	绥粳4号	6	5.8	6.4	5.35	0.17	0.03	0.74	68.7

表 4 – 13(续)

品种名称		样品组	外观	口感	硬度	黏度	平衡度	弹性	综合评分
生物活性硒处理	绥粳 4 号	7	7.6	7.7	3.96	0.23	0.06	0.70	77.5
	绥粳 4 号	7	7.2	7.3	4.74	0.30	0.06	0.71	75.9
	绥粳 4 号	7	7.4	5.5	5.33	0.26	0.05	76.4	76.4

2. 农药残留、重金属检测

通过对拜泉盛世粮仓现代农业发展有限公司(鹤泉净米)种植的 2 000 亩富硒水稻进行 SGS(194 项农残和外观及营养品质)检测和化测检测(铅镉砷重金属)。检测结果为:194 项农残未检出(图 4 – 6),铅镉砷等重金属未检出(图 4 – 7),综合品质达到欧盟有机米标准(图 4 – 8)。

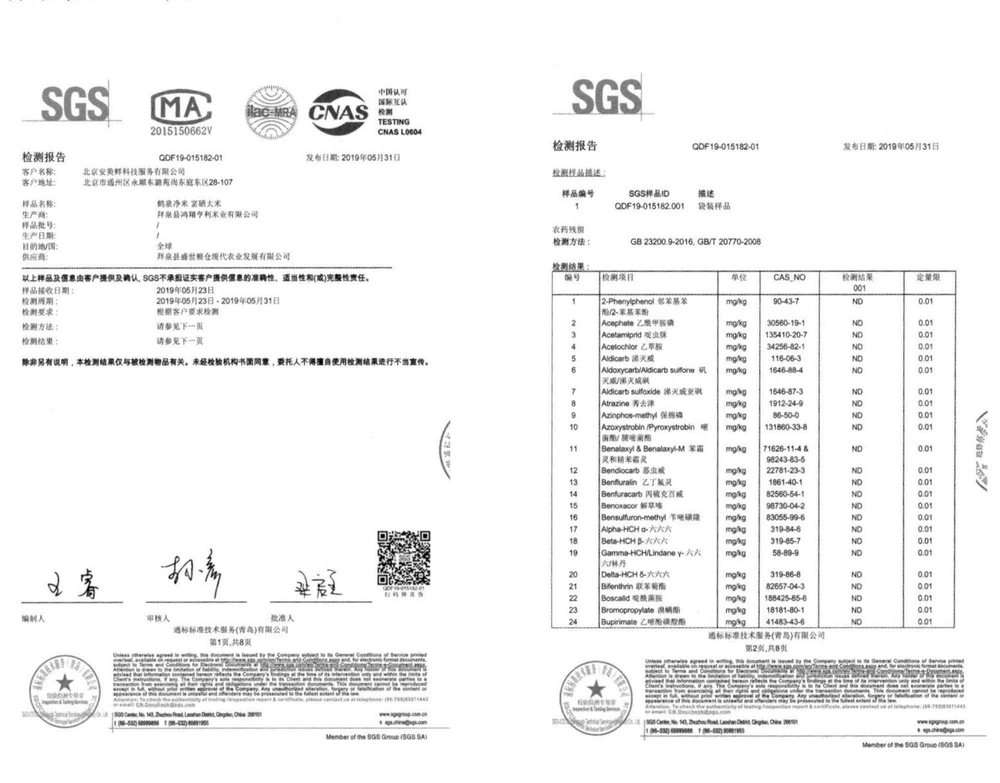

SGS　CMA 2015150662V　ilac-MRA　CNAS　中国认可 国际互认 检测 TESTING CNAS L0604

检测报告　QDF19-015182-01　发布日期: 2019年05月31日

客户名称: 北京安美鲜科技服务有限公司
客户地址: 北京市通州区永顺东潞苑尚东庭东区28-107

样品名称: 鹤泉净米 富硒大米
生产商: 拜泉县鸿翔亨利米业有限公司
样品批号: /
生产日期: /
目的地/国: 全球
供应商: 拜泉县盛世粮仓现代农业发展有限公司

以上样品及信息由客户提供及确认, SGS不承担证实客户提供信息的准确性、适当性和(或)完整性责任。
样品接收日期: 2019年05月23日
检测周期: 2019年05月23日 - 2019年05月31日
检测要求: 根据客户要求检测
检测方法: 请参见下一页
检测结果: 请参见下一页

除非另有说明，本检测结果仅与被检测物品有关。未经检验机构书面同意，委托人不得擅自使用检测结果进行不当宣传。

编制人　审核人　批准人
通标标准技术服务(青岛)有限公司
第1页,共8页

SGS

检测报告　QDF19-015182-01　发布日期: 2019年05月31日

检测样品描述:

样品编号	SGS样品ID	描述
1	QDF19-015182.001	袋装样品

农药残留
检测方法: GB 23200.9-2016, GB/T 20770-2008

检测结果:

编号	检测项目	单位	CAS_NO	检测结果 001	定量限
1	2-Phenylphenol 邻苯基苯酚/2-苯基苯酚	mg/kg	90-43-7	ND	0.01
2	Acephate 乙酰甲胺磷	mg/kg	30560-19-1	ND	0.01
3	Acetamiprid 啶虫脒	mg/kg	135410-20-7	ND	0.01
4	Acetochlor 乙草胺	mg/kg	34256-82-1	ND	0.01
5	Aldicarb 涕灭威	mg/kg	116-06-3	ND	0.01
6	Aldoxycarb/Aldicarb sulfone 砜灭威/涕灭威砜	mg/kg	1646-88-4	ND	0.01
7	Aldicarb sulfoxide 涕灭威亚砜	mg/kg	1646-87-3	ND	0.01
8	Atrazine 莠去津	mg/kg	1912-24-9	ND	0.01
9	Azinphos-methyl 保棉磷	mg/kg	86-50-0	ND	0.01
10	Azoxystrobin /Pyroxystrobin 嘧菌酯/ 腈嘧菌酯	mg/kg	131860-33-8	ND	0.01
11	Benalaxyl & Benalaxyl-M 苯霜灵和精苯霜灵	mg/kg	71626-11-4 & 98243-83-5	ND	0.01
12	Bendiocarb 恶虫威	mg/kg	22781-23-3	ND	0.01
13	Benfluralin 乙丁氟灵	mg/kg	1861-40-1	ND	0.01
14	Benfuracarb 丙硫克百威	mg/kg	82560-54-1	ND	0.01
15	Benoxacor 解草嗪	mg/kg	98730-04-2	ND	0.01
16	Bensulfuron-methyl 苄嘧磺隆	mg/kg	83055-99-6	ND	0.01
17	Alpha-HCH α-六六六	mg/kg	319-84-6	ND	0.01
18	Beta-HCH β-六六六	mg/kg	319-85-7	ND	0.01
19	Gamma-HCH/Lindane γ-六六六/林丹	mg/kg	58-89-9	ND	0.01
20	Delta-HCH δ-六六六	mg/kg	319-86-8	ND	0.01
21	Bifenthrin 联苯菊酯	mg/kg	82657-04-3	ND	0.01
22	Boscalid 啶酰菌胺	mg/kg	188425-85-6	ND	0.01
23	Bromopropylate 溴螨酯	mg/kg	18181-80-1	ND	0.01
24	Bupirimate 乙嘧酚磺酸酯	mg/kg	41483-43-6	ND	0.01

通标标准技术服务(青岛)有限公司
第2页,共8页

SGS Center, No. 143, Zhuzhou Road, Laoshan District, Qingdao, China 266101　www.sgsgroup.com.cn
Member of the SGS Group (SGS SA)

图 4 – 6　194 项农残检测分析

检测报告 QDF19-015182-01 发布日期: 2019年05月31日

编号	检测项目	单位	CAS_NO	检测结果 001	定量限
25	Buprofezin 噻嗪酮	mg/kg	69327-76-0	ND	0.01
26	Butachlor 丁草胺	mg/kg	23184-66-9	ND	0.01
27	Butocarboxim 丁酮威	mg/kg	34681-10-2	ND	0.01
28	Cadusafos 硫线磷	mg/kg	95465-99-9	ND	0.01
29	Captan 克菌丹	mg/kg	133-06-2	ND	0.10
30	Carbaryl 甲萘威	mg/kg	63-25-2	ND	0.01
31	Carbendazim 多菌灵	mg/kg	10605-21-7	ND	0.01
32	Carbofuran 虫螨威/克百威	mg/kg	1563-66-2	ND	0.01
33	Carbofuran-3-hydroxy 3-羟基虫螨威	mg/kg	16655-82-6	ND	0.01
34	Carbosulfan 丁硫克百威	mg/kg	55285-14-8	ND	0.01
35	Chlorbenzuron 灭幼脲	mg/kg	57160-47-1	ND	0.01
36	Chlordane 克氯丹	mg/kg	57-74-9	ND	0.01
37	Chlorfenapyr 溴虫腈/虫螨腈	mg/kg	122453-73-0	ND	0.01
38	Chlorfenvinphos 毒虫畏	mg/kg	470-90-6	ND	0.01
39	Chlorpropham 氯苯胺灵	mg/kg	101-21-3	ND	0.01
40	Chlorpyrifos 毒死蜱	mg/kg	2921-88-2	ND	0.01
41	Chlorpyrifos-methyl 甲基毒死蜱	mg/kg	5598-13-0	ND	0.01
42	Clethodim 烯草酮	mg/kg	99129-21-2	ND	0.01
43	Clothianidin 噻虫胺	mg/kg	210880-92-5	ND	0.01
44	Cyanazine 氰草津	mg/kg	21725-46-2	ND	0.01
45	Cyflufenamid 环氟菌胺/环氟留胺	mg/kg	180409-60-3	ND	0.01
46	Cyfluthrin 氟氯氰菊酯	mg/kg	68359-37-5	ND	0.01
47	Cymoxanil 霜脲氰	mg/kg	57966-95-7	ND	0.01
48	Cypermethrin & Z-Cypermethrin 氯氰菊酯和氯氰菊酯（Z）	mg/kg	52315-07-8	ND	0.01
49	Cyprodinil 嘧菌环胺	mg/kg	121552-61-2	ND	0.01
50	Cyromazine 灭蝇胺	mg/kg	66215-27-8	ND	0.01
51	o,p'-DDD o,p'-滴滴滴	mg/kg	53-19-0	ND	0.01
52	p,p'-DDD p,p'-滴滴滴	mg/kg	72-54-8	ND	0.01
53	o,p'-DDE o,p'-滴滴伊	mg/kg	3424-82-6	ND	0.01
54	p,p'-DDE p,p'-滴滴伊	mg/kg	72-55-9	ND	0.01
55	o,p'-DDT o,p'-滴滴涕	mg/kg	789-02-6	ND	0.01
56	p,p'-DDT p,p'-滴滴涕	mg/kg	50-29-3	ND	0.01
57	Deltamethrin & Tralomethrin 溴氰菊酯和四溴菊酯	mg/kg	52918-63-5 & 66841-25-6	ND	0.01
58	Diazinon 二嗪磷	mg/kg	333-41-5	ND	0.01

通标标准技术服务(青岛)有限公司

第3页,共8页

SGS

检测报告 QDF19-015182-01 发布日期: 2019年05月31日

编号	检测项目	单位	CAS_NO	检测结果 001	定量限
59	Dichlorvos 敌敌畏	mg/kg	62-73-7	ND	0.01
60	Dicloran 氯硝胺	mg/kg	99-30-9	ND	0.01
61	Dicofol 三氯杀螨醇	mg/kg	115-32-2	ND	0.01
62	Diethofencarb 乙霉威	mg/kg	87130-20-9	ND	0.01
63	Difenoconazole 苯醚甲环唑	mg/kg	119446-68-3	ND	0.01
64	Dimethoate 乐果	mg/kg	60-51-5	ND	0.01
65	Dimethomorph 烯酰吗啉	mg/kg	110488-70-5	ND	0.01
66	Diniconazole 烯唑醇	mg/kg	83657-24-3	ND	0.01
67	Edifenphos 敌瘟磷/敌瘟散	mg/kg	17109-49-8	ND	0.01
68	Emamectin benzoate 甲氨基阿维菌素苯甲酸盐	mg/kg	155569-91-8	ND	0.01
69	Endosulfan-3: Endosulfan sulfate 硫丹硫酸酯	mg/kg	1031-07-8	ND	0.01
70	Ethiofencarb 乙硫苯威	mg/kg	29973-13-5	ND	0.01
71	Ethion 乙硫磷	mg/kg	563-12-2	ND	0.01
72	Ethoprophos 灭线磷	mg/kg	13194-48-4	ND	0.01
73	Etofenprox 醚菊酯	mg/kg	80844-07-1	ND	0.01
74	Etrimfos 乙嘧硫磷	mg/kg	38260-54-7	ND	0.01
75	Famoxadone 噁唑菌酮	mg/kg	131807-57-3	ND	0.01
76	Fenarimol 氯苯嘧啶醇	mg/kg	60168-88-9	ND	0.01
77	Fenhexamid 环酰菌胺	mg/kg	126833-17-8	ND	0.01
78	Fenitrothion 杀螟硫磷/杀螟松	mg/kg	122-14-5	ND	0.01
79	Fenobucarb 仲丁威	mg/kg	3766-81-2	ND	0.01
80	Fenoxycarb 双氧威/苯醚威	mg/kg	79127-80-3	ND	0.01
81	Fenpropathrin 甲氰菊酯	mg/kg	64257-84-7	ND	0.01
82	Fenpropimorph 丁苯吗啉	mg/kg	67564-91-4	ND	0.01
83	Fenpyroximate 唑螨酯	mg/kg	111812-58-9	ND	0.01
84	Fenthion 倍硫磷	mg/kg	55-38-9	ND	0.01
85	Fenvalerate & Esfenvalerate 氰戊菊酯和高效氰戊菊酯	mg/kg	51630-58-1&66230-04-4	ND	0.01
86	Fipronil 氟虫腈	mg/kg	120068-37-3	ND	0.01
87	Fluazifop-butyl & Fluazifop-p-butyl 吡氟禾草灵&精吡氟禾草灵	mg/kg	69806-50-4 & 79241-46-6	ND	0.01
88	Flucythrinate 氟氰戊菊酯	mg/kg	70124-77-5	ND	0.01
89	Flufenoxuron 氟虫脲	mg/kg	101463-69-8	ND	0.01
90	Flusilazole 氟哇唑/氟硅唑	mg/kg	85509-19-9	ND	0.01
91	Furathiocarb 呋线威	mg/kg	65907-30-4	ND	0.01
92	Haloxyfop-methyl 氟吡甲禾灵	mg/kg	69806-40-2	ND	0.01

通标标准技术服务(青岛)有限公司

第4页,共8页

Unless otherwise agreed in writing, this document is issued by the Company subject to its General Conditions of Service printed overleaf, available on request or accessible at http://www.sgs.com/en/Terms-and-Conditions.aspx and, for electronic format documents, subject to Terms and Conditions for Electronic Documents at http://www.sgs.com/en/Terms-and-Conditions/Terms-e-Document.aspx. Attention is drawn to the limitation of liability, indemnification and jurisdiction issues defined therein. Any holder of this document is advised that information contained hereon reflects the Company's findings at the time of its intervention only and within the limits of Client's instructions, if any. The Company's sole responsibility is to its Client and this document does not exonerate parties to a transaction from exercising all their rights and obligations under the transaction documents. This document cannot be reproduced except in full, without prior written approval of the Company. Any unauthorized alteration, forgery or falsification of the content or appearance of this document is unlawful and offenders may be prosecuted to the fullest extent of the law.
Attention: To check the authenticity of testing /inspection report & certificate, please contact us at telephone: (86-755)83071443, or email: CN.Doccheck@sgs.com
SGS Center, No. 143, Zhuzhou Road, Laoshan District, Qingdao, China 266101 www.sgsgroup.com.cn
t (86-532) 68999888 f (86-532) 80991955 e sgs.china@sgs.com
Member of the SGS Group (SGS SA)

SGS

检测报告 QDF19-015182-01 发布日期: 2019年05月31日

编号	检测项目	单位	CAS_NO	检测结果 001	定量限
93	Heptanophos 庚烯磷	mg/kg	23560-59-0	ND	0.01
94	Hexythiazox 噻螨酮	mg/kg	78587-05-0	ND	0.01
95	Imazalil 抑霉唑/烯菌灵	mg/kg	35554-44-0	ND	0.01
96	Imidacloprid 吡虫啉	mg/kg	138261-41-3	ND	0.01
97	Indoxacarb 茚虫威/安打	mg/kg	173584-44-6	ND	0.01
98	Iprodione 异菌脲	mg/kg	36734-19-7	ND	0.01
99	Iprovalicarb 缬霉威	mg/kg	140923-17-7	ND	0.01
100	Isocarbophos 水胺硫磷	mg/kg	24353-61-5	ND	0.01
101	Isofenphos 异柳磷	mg/kg	25311-71-1	ND	0.01
102	Isofenphos-methyl 甲基异柳磷	mg/kg	99675-03-3	ND	0.01
103	Isoprocarb 异丙威	mg/kg	2631-40-5	ND	0.01
104	Isoprothiolane 稻瘟灵	mg/kg	50512-35-1	ND	0.01
105	Isoproturon 异丙隆	mg/kg	34123-59-6	ND	0.01
106	Kresoxim-methyl 醚菌酯	mg/kg	143390-89-0	ND	0.01
107	Linuron 利谷隆	mg/kg	330-55-2	ND	0.01
108	Malathion 马拉硫磷	mg/kg	121-75-5	ND	0.01
109	Metalaxyl & Metalaxyl-M 甲霜灵和精甲霜灵	mg/kg	57837-19-1 & 70630-17-0	ND	0.01
110	Metamitron 苯嗪草酮/灭它通	mg/kg	41394-05-2	ND	0.01
111	Methamidophos 甲胺磷	mg/kg	10265-92-6	ND	0.01
112	Methidathion 杀扑磷	mg/kg	950-37-8	ND	0.01
113	Methiocarb 甲硫威/灭虫威	mg/kg	2032-65-7	ND	0.01
114	Methomyl 灭多威	mg/kg	16752-77-5	ND	0.01
115	Methoxyfenozide 甲氧虫酰肼	mg/kg	161050-58-4	ND	0.01
116	Metolachlor & S-Metolachlor 异丙甲草胺和精-异丙甲草胺	mg/kg	51218-45-2 & 87392-12-9	ND	0.01
117	Mevinphos 速灭磷	mg/kg	7786-34-7	ND	0.01
118	Monocrotophos 久效磷	mg/kg	6923-22-4	ND	0.01
119	Myclobutanil 腈菌唑/灭克落	mg/kg	88671-89-0	ND	0.01
120	Napropamide 敌草胺	mg/kg	15299-99-7	ND	0.01
121	Nicosulfuron 烟嘧磺隆	mg/kg	111991-09-4	ND	0.01
122	Nitrothal-isopropyl 酞菌酯	mg/kg	10552-74-6	ND	0.01
123	Omethoate 氧乐果	mg/kg	1113-02-6	ND	0.01
124	Oxadiazon 恶草酮	mg/kg	19666-30-9	ND	0.01
125	Oxadixyl 恶霜灵	mg/kg	77732-09-3	ND	0.01
126	Oxy-Chlordane 氧氯丹	mg/kg	27304-13-8	ND	0.01
127	Oxydemeton-methyl 砜吸磷/亚砜磷	mg/kg	301-12-2	ND	0.01

通标标准技术服务(青岛)有限公司

第5页,共8页

Unless otherwise agreed in writing, this document is issued by the Company subject to its General Conditions of Service printed overleaf, available on request or accessible at http://www.sgs.com/en/Terms-and-Conditions.aspx and, for electronic format documents, subject to Terms and Conditions for Electronic Documents at http://www.sgs.com/en/Terms-and-Conditions/Terms-e-Document.aspx. Attention is drawn to the limitation of liability, indemnification and jurisdiction issues defined therein. Any holder of this document is advised that information contained hereon reflects the Company's findings at the time of its intervention only and within the limits of Client's instructions, if any. The Company's sole responsibility is to its Client and this document does not exonerate parties to a transaction from exercising all their rights and obligations under the transaction documents. This document cannot be reproduced except in full, without prior written approval of the Company. Any unauthorized alteration, forgery or falsification of the content or appearance of this document is unlawful and offenders may be prosecuted to the fullest extent of the law.
Attention: To check the authenticity of testing /inspection report & certificate, please contact us at telephone: (86-755)83071443, or email: CN.Doccheck@sgs.com
SGS Center, No. 143, Zhuzhou Road, Laoshan District, Qingdao, China 266101 www.sgsgroup.com.cn
t (86-532) 68999888 f (86-532) 80991955 e sgs.china@sgs.com
Member of the SGS Group (SGS SA)

SGS

检测报告 QDF19-015182-01 发布日期: 2019年05月31日

编号	检测项目	单位	CAS_NO	检测结果 001	定量限
128	Paclobutrazol 多效唑	mg/kg	76738-62-0	ND	0.01
129	Parathion 对硫磷	mg/kg	56-38-2	ND	0.01
130	Parathion-methyl 甲基对硫磷	mg/kg	298-00-0	ND	0.01
131	Penconazole 戊菌唑	mg/kg	66246-88-6	ND	0.01
132	Pendimethalin 二甲戊乐灵	mg/kg	40487-42-1	ND	0.01
133	Permethrin 氯菊酯	mg/kg	52645-53-1	ND	0.01
134	Phenthoate 稻丰散	mg/kg	2597-03-7	ND	0.01
135	Phorate 甲拌磷	mg/kg	298-02-2	ND	0.01
136	Phorate-sulfone 甲拌磷砜	mg/kg	2588-04-7	ND	0.05
137	Phorate-sulfoxide 甲拌磷亚砜	mg/kg	2588-03-6	ND	0.05
138	Phosalone 伏杀硫磷	mg/kg	2310-17-0	ND	0.01
139	Phosmet 亚胺硫磷	mg/kg	732-11-6	ND	0.01
140	Phosphamidon 磷胺	mg/kg	13171-21-6	ND	0.03
141	Phoxim 辛硫磷	mg/kg	14816-18-3	ND	0.01
142	Pirimicarb 抗蚜威	mg/kg	23103-98-2	ND	0.01
143	Pirimiphos-ethyl 嘧啶磷	mg/kg	23505-41-1	ND	0.01
144	Pirimiphos-methyl 甲基嘧啶磷	mg/kg	29232-93-7	ND	0.01
145	Prochloraz 咪鲜胺	mg/kg	67747-09-5	ND	0.01
146	Procymidone 腐霉利	mg/kg	32809-16-8	ND	0.01
147	Profenophos 丙溴磷	mg/kg	41198-08-7	ND	0.01
148	Promecarb 猛杀威	mg/kg	2631-37-0	ND	0.01
149	Prometryne 扑草净	mg/kg	7287-19-6	ND	0.01
150	Propamocarb 霜霉威	mg/kg	24579-73-5	ND	0.01
151	Propargite 炔螨特	mg/kg	2312-35-8	ND	0.01
152	Propham 苯胺灵	mg/kg	122-42-9	ND	0.01
153	Propiconazole 丙环唑	mg/kg	60207-90-1	ND	0.01
154	Propoxur 残杀威	mg/kg	114-26-1	ND	0.01
155	Propyzamide 炔苯酰草胺	mg/kg	23950-58-5	ND	0.01
156	Pymetrozin 吡蚜酮/吡嗪酮	mg/kg	123312-89-0	ND	0.01
157	Pyrazophos 吡菌磷	mg/kg	13457-18-6	ND	0.01
158	Pyridaben 哒螨灵	mg/kg	96489-71-3	ND	0.01
159	Pyridaphenthion 哒嗪硫磷	mg/kg	119-12-0	ND	0.01
160	Pyrimethanil 嘧霉胺	mg/kg	53112-28-0	ND	0.01
161	Quinalphos 喹硫磷	mg/kg	13593-03-8	ND	0.01
162	Quintozene 五氯硝基苯	mg/kg	82-68-8	ND	0.01
163	Quizalofop-ethyl & Quizalofop-p-ethyl 喹禾灵/禾草克和精喹禾灵	mg/kg	76578-14-8&100646-51-3	ND	0.01

通标标准技术服务(青岛)有限公司

第6页,共8页

Unless otherwise agreed in writing, this document is issued by the Company subject to its General Conditions of Service printed overleaf, available on request or accessible at http://www.sgs.com/en/Terms-and-Conditions.aspx and, for electronic format documents, subject to Terms and Conditions for Electronic Documents at http://www.sgs.com/en/Terms-and-Conditions/Terms-e-Document.aspx. Attention is drawn to the limitation of liability, indemnification and jurisdiction issues defined therein. Any holder of this document is advised that information contained hereon reflects the Company's findings at the time of its intervention only and within the limits of Client's instructions, if any. The Company's sole responsibility is to its Client and this document does not exonerate parties to a transaction from exercising all their rights and obligations under the transaction documents. This document cannot be reproduced except in full, without prior written approval of the Company. Any unauthorized alteration, forgery or falsification of the content or appearance of this document is unlawful and offenders may be prosecuted to the fullest extent of the law.
Attention: To check the authenticity of testing /inspection report & certificate, please contact us at telephone: (86-755)83071443, or email: CN.Doccheck@sgs.com
SGS Center, No. 143, Zhuzhou Road, Laoshan District, Qingdao, China 266101 www.sgsgroup.com.cn
t (86-532) 68999888 f (86-532) 80991955 e sgs.china@sgs.com
Member of the SGS Group (SGS SA)

图 4-6(续1)

SGS

检测报告　　QDF19-015182-01　　发布日期: 2019年05月31日

编号	检测项目	单位	CAS_NO	检测结果 001	定量限
164	Rimsulfuron 砜嘧磺隆	mg/kg	122931-48-0	ND	0.01
165	S-421 八氯二苯醚	mg/kg	127-90-2	ND	0.01
166	Simazine 西玛津	mg/kg	122-34-9	ND	0.01
167	Spinosad 多杀菌素/艾克敌	mg/kg	168316-95-8	ND	0.01
168	Spiroxamine 螺恶茂胺/螺环菌胺	mg/kg	118134-30-8	ND	0.01
169	Tau-Fluvalinate 氟胺氰菊酯	mg/kg	102851-06-9	ND	0.05
170	Tebuconazole 戊唑醇	mg/kg	107534-96-3	ND	0.01
171	Tebufenozide 虫酰肼	mg/kg	112410-23-8	ND	0.01
172	Tetrachlorvinphos 杀虫畏	mg/kg	22248-79-9	ND	0.01
173	Tetradifon 四氯杀螨砜	mg/kg	116-29-0	ND	0.01
174	Thiabendazole 噻菌灵	mg/kg	148-79-8	ND	0.01
175	Thiacloprid 噻虫啉	mg/kg	111988-49-9	ND	0.01
176	Thiamethoxam 噻虫嗪	mg/kg	153719-23-4	ND	0.01
177	Thifensulfuron-methyl 噻吩磺隆/阔叶散	mg/kg	79277-27-3	ND	0.01
178	Thiodicarb 硫双威	mg/kg	59669-26-0	ND	0.01
179	Thiofanox sulfon 久效威砜	mg/kg	39184-59-3	ND	0.01
180	Thiofanox-sulfoxide 久效威亚砜	mg/kg	39184-27-5	ND	0.01
181	Tolclofos-methyl 甲基立枯磷	mg/kg	57018-04-9	ND	0.01
182	Triadimefon 三唑酮	mg/kg	43121-43-3	ND	0.01
183	Triadimenol 三唑醇	mg/kg	55219-65-3	ND	0.01
184	Triasulfuron 醚苯磺隆	mg/kg	82097-50-5	ND	0.01
185	Triazophos 三唑磷	mg/kg	24017-47-8	ND	0.01
186	Trichlorphon 敌百虫	mg/kg	52-68-6	ND	0.01
187	Triflumizole 氟菌唑	mg/kg	68694-11-1	ND	0.01
188	Trifluralin 氟乐灵	mg/kg	1582-09-8	ND	0.01
189	Triflusulfuron-methyl 氟胺磺隆	mg/kg	126535-15-7	ND	0.01
190	Vamidothion 蚜灭磷/完灭硫磷	mg/kg	2275-23-2	ND	0.01
191	vinclozoline 乙烯菌核利	mg/kg	50471-44-8	ND	0.01
192	α-Endosulfan α-硫丹	mg/kg	959-98-8	ND	0.01
193	β-Endosulfan β-硫丹	mg/kg	33213-65-9	ND	0.01
194	λ-Cyhalothrin 高效氯氟氰菊酯	mg/kg	91465-08-6	ND	0.01

备注：
1.ND = 未检出

通标标准技术服务(青岛)有限公司
第7页,共8页

Member of the SGS Group (SGS SA)

SGS

检测报告　　QDF19-015182-01　　发布日期: 2019年05月31日

*** 结束 ***

通标标准技术服务(青岛)有限公司
第8页,共8页

Member of the SGS Group (SGS SA)

图 4－6(续 2)

CTI 华测检测

黑龙江省华测检测技术有限公司

检 测 报 告

报告编号：A2190293628101001C　　第1页 共2页

样品信息	样品名称	大米		
	商标	鹤泉净米	型号/规格	/
	生产日期/批号	/	样品等级	/
	委托单位	拜泉县盛世粮仓现代农业发展有限公司		
	委托单位地址	黑龙江省拜泉县时中乡军民村		
	标称生产厂家	拜泉县盛世粮仓现代农业发展有限公司		
	生产厂家地址	黑龙江省拜泉县时中乡军民村		
	样品数量	3kg	样品状态	固态
检测信息	样品接收日期	2019年11月04日	样品检测日期	2019年11月04日～2019年11月20日
	样品编号	HL11358001		
	检测项目	铁，钙，锌，硒，铅等7项		
	所用主要仪器	原子吸收石墨炉等		
	判定依据	/		
检测结论	委托检测，结果为实测值。（检验检测专用章）签发日期：2019年11月20日			
备注	——			

检测人：　　审核人：
批准人：　　日　期：2019年11月20日
张岭 授权签字人

Hotline: 400-6788-333　www.cti-cert.com　E-mail: info@cti-cert.com　Complaint call: 0755-33681700　Complaint E-mail: complaint@cti-cert.com

CTI 华测检测

黑龙江省华测检测技术有限公司

检 测 报 告

报告编号：A2190293628101001C　　第2页 共2页

检测结果：

序号	检测项目	单位	检测结果	标准限值	单项结论	检测方法
1	铁	mg/kg	8.9	/	/	GB 5009.90-2016 第一法
2	钙	mg/kg	99.6	/	/	GB 5009.92-2016 第一法
3	锌	mg/kg	9.8	/	/	GB 5009.14-2017 第一法
4	硒	mg/kg	0.14	/	/	GB 5009.93-2017 第一法
5	铅	mg/kg	未检出（<0.04）	/	/	GB 5009.12-2017 第一法
6	镉	mg/kg	未检出（<0.01）	/	/	GB 5009.15-2014
7	无机砷	mg/kg	未检出（<0.05）	/	/	GB 5009.11-2014 第二篇 第一法
以下空白						

*** 报告结束 ***

声明：
1. 报告无批准人签字，检验检测专用章及报告骑缝章，或经涂改，以及复印报告未加盖红色检验检测专用章均视作无效。
2. 未经本公司批准，不得部分复制本报告。
3. 样品信息由客户提供，本报告检测结果仅对受检样品负责。
4. 不得擅自使用检测结果进行不当宣传。
5. 如果对检测结果有异议，请于收到报告之日起7个工作日内提出，逾期不予受理。

Hotline: 400-6788-333　www.cti-cert.com　E-mail: info@cti-cert.com　Complaint call: 0755-33681700　Complaint E-mail: complaint@cti-cert.com

图 4－7　铅镉砷重金属检测报告

SGS 15060034B019

检测报告 DLF19-006062-01 发布日期：2019年05月31日

客户名称： 北京安美鲜科技服务有限公司
客户地址： 北京市通州区永顺东潞苑尚东庭东区28-107

样品名称： 鹤泉净米 富硒大米
生产商： 拜泉县鸿翔亨利米业有限公司
样品批号： /
生产日期： /
样品其他信息： 目的国/买家：全球 供应商/代理商：拜泉县盛世粮仓现代农业发展有限公司

以上样品及信息由客户提供及确认，SGS不承担证实客户提供信息的准确性、适当性和(或)完整性责任。

SGS相关号： QDF19-015182
样品接收日期： 2019年05月27日
检测周期： 2019年05月27日 - 2019年05月31日
检测要求： 根据客户要求检测
检测方法： 请参见下一页
检测结果： 请参见下一页

除非另有说明，本检测结果仅与被检测物品有关。未经检验机构书面同意，委托人不得擅自使用检测结果进行不当宣传。

编制人 审核人 批准人

通标标准技术服务有限公司大连分公司
第1页，共2页

Member of the SGS Group (SGS SA)

SGS

检测报告 DLF19-006062-01 发布日期：2019年05月31日

检测样品描述：

样品编号	SGS样品ID	描述
1	DLF19-006062.001	袋装样品

理化检测

检测结果：

检测项目	单位	检测方法	检测结果 001	定量限
碎米率	%	GB/T 5503-2009	3.3	-
垩白度	%	GB/T 1354-2018	1.5	-

*** 结束 ***

通标标准技术服务有限公司大连分公司
第2页，共2页

Member of the SGS Group (SGS SA)

SGS  2015150662V   中国认可 国际互认 检测 TESTING CNAS L0604

检测报告 QDF19-015182-03 发布日期：2019年06月12日

客户名称： 北京安美鲜科技服务有限公司
客户地址： 北京市通州区永顺东潞苑尚东庭东区28-107

样品名称： 鹤泉净米 富硒大米
生产商： 拜泉县鸿翔亨利米业有限公司
样品批号： /
生产日期： /
目的地/国： 全球
供应商： 拜泉县盛世粮仓现代农业发展有限公司

以上样品及信息由客户提供及确认，SGS不承担证实客户提供信息的准确性、适当性和(或)完整性责任。

样品接收日期： 2019年05月23日
检测周期： 2019年05月23日 - 2019年05月31日
检测要求： 根据客户要求检测
检测方法： 请参见下一页
检测结果： 请参见下一页

本报告替代报告编号：QDF19-015182-02 日期：2019年05月31日，报告编号：DLF19-006062-01 日期：2019年05月31日和报告编号：ASH19-026929-01 日期：2019年05月31日。

除非另有说明，本检测结果仅与被检测物品有关。未经检验机构书面同意，委托人不得擅自使用检测结果进行不当宣传。

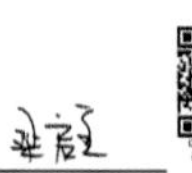

编制人 审核人 批准人

通标标准技术服务(青岛)有限公司
第1页，共3页

Member of the SGS Group (SGS SA)

SGS

检测报告 QDF19-015182-03 发布日期：2019年06月12日

检测样品描述：

样品编号	SGS样品ID	描述
1	QDF19-015182.001	袋装样品

理化检测

检测结果：

检测项目	单位	检测方法	检测结果 001	定量限	限值	单项说明
钙(Ca)	mg/kg	GB 5009.92-2016 第一法	72.2	1.5	-	-
铁(Fe)	mg/kg	GB 5009.90-2016 第一法	ND	2.5	-	-
硒(Se)	mg/kg	GB 5009.93-2017 第一法	0.029	0.006	-	-
蛋白质	g/100g	GB 5009.5-2016 第一法	7.22	-	-	-
脂肪	g/100g	GB 5009.6-2016 第一法	0.1	-	-	-
*平均长度	mm	GB/T 1354-2018	5.6	-	-	-
***碎米率	%	GB/T 5503-2009	3.3	-	≤5.0	符合
***垩白度	%	GB/T 1354-2018	1.5	-	≤2.0	符合
**水分	%	GB 5009.3-2016 第一法	13.4	-	≤15.5	符合
**互混	%	GB/T 5493-2008	<1	-	≤5.0	符合
*色泽鉴定	-	GB/T 5492-2008	正常	-	正常	符合
*气味鉴定	-	GB/T 5492-2008	正常	-	正常	符合
**直链淀粉(以干基计)	%	GB/T 15683-2008	19.6	5	13.0~20.0	符合
*带壳稗粒	粒/kg	GB/T 5494-2008	<2	-	-	-
*稻谷粒	粒/kg	GB/T 5494-2008	<2	-	-	-
*糠粉	g/100g	GB/T 5494-2008	<0.01	-	-	-
*杂质含量	%	GB/T 5494-2008	<0.1	-	≤0.25	符合
*未成熟粒	g/100g	GB/T 5494-2008	<0.1	-	-	-
*虫蚀粒	g/100g	GB/T 5494-2008	0.2	-	-	-
*病斑粒	g/100g	GB/T 5494-2008	0.2	-	-	-
*糙米粒	g/100g	GB/T 5494-2008	<0.1	-	-	-
*霉变粒	g/100g	GB/T 5494-2008	<0.1	-	-	-
*不完善粒	%	GB/T 5494-2008	0.4	-	≤3.0	符合

通标标准技术服务(青岛)有限公司
第2页，共3页

Member of the SGS Group (SGS SA)

图4－8 外观品质检测报告

检测报告　　QDF19-015182-03　　发布日期: 2019年06月12日

备注：

1.ND = 未检出

2.*检测项目不在本实验室已通过的CNAS认可范围内。

3.氮换算为蛋白质的系数为5.95

4.**检测项目分包，由通标标准技术服务（上海）有限公司实验室（CNAS L0599，CMA 170900340938）执行，不在本实验室已通过的CNAS/CMA认可范围内。

5.***检测项目分包，由通标标准技术服务有限公司大连分公司实验室（CMA 15060034B019）执行，不在本实验室已通过的CNAS认可范围内，且不在通标标准技术服务有限公司大连分公司实验室已通过的CNAS认可范围内。

6.限值:GB/T 1354-2018

*** 结束 ***

通标标准技术服务(青岛)有限公司

第3页,共3页

Unless otherwise agreed in writing, this document is issued by the Company subject to its General Conditions of Service printed overleaf, available on request or accessible at http://www.sgs.com/en/Terms-and-Conditions.aspx and, for electronic format documents, subject to Terms and Conditions for Electronic Documents at http://www.sgs.com/en/Terms-and-Conditions/Terms-e-Document.aspx. Attention is drawn to the limitation of liability, indemnification and jurisdiction issues defined therein. Any holder of this document is advised that information contained hereon reflects the Company's findings at the time of its intervention only and within the limits of Client's instructions, if any. The Company's sole responsibility is to its Client and this document does not exonerate parties to a transaction from exercising all their rights and obligations under the transaction documents. This document cannot be reproduced except in full, without prior written approval of the Company. Any unauthorized alteration, forgery or falsification of the content or appearance of this document is unlawful and offenders may be prosecuted to the fullest extent of the law.

Attention: To check the authenticity of testing /inspection report & certificate, please contact us at telephone: (86-755)83071443, or email: CN.Doccheck@sgs.com

SGS Center, No. 143, Zhuzhou Road, Laoshan District, Qingdao, China 266101　　www.sgsgroup.com.cn

t (86-532) 68999888　f (86-532) 80991955　　e sgs.china@sgs.com

Member of the SGS Group (SGS SA)

图 4－8(续)

3. 抗逆促早熟表现

2019 年 6 月—9 月，我国经历了 3 场台风，黑龙江省受到了严重的影响，主要有低温、寡照、积温严重不足，造成严重的涝灾、病虫害。2020 年黑龙江省再次遭受“巴威”“美莎克”“海神”连续三场强台风袭击，是黑龙江省几十年来经历的极端恶劣台风灾害；应用提质增效富硒技术后，作物表现出极强的抗逆性，促早熟效果也非常显著(图 4－9)。

图 4－9　应用提质增效富硒技术田间表现

4. 增产表现

如表 4－14、4－15、4－16 所示，通过近三年数据统计，水稻使用提质增效富硒技术后产量增幅达 5.7%～26.7%；出米率提高 1.5%～6.6%；食味评分提高 1～9.4 分；硒含量达到国家富硒标准（40 μg/kg）以上。

表 4－14 2019 年不同地区应用后产量表现数据

2019 年水稻安全数据统计													
客户名称	品种	所在地区	产量/（斤/亩）		增幅/%	出米率/%		增幅/%	食味评分			大米硒含量/（μg·kg^{-1}）
			富硒处理	对照		富硒处理	对照		富硒处理	对照	增幅/%	
赵老丫合作社	稻花香 2 号	五常市	958	879.8	8.8	51	48	3	86.5	78.2	8.3	144
苗稻源合作社	稻花香 2 号	五常市	982	907.5	8.2	52	49	3	87.2	81.4	5.8	240
省农科院栽培	龙稻 363	民主镇	1453	1146.7	26.7	65.6	62	3.6	74.8	69.9	4.9	43.4
盛世粮仓	绥粳 18	拜泉县	1326	1152	15.1	67.2	64	3.2	76.6	68.7	7.9	140
赫津谷物合作社	绥粳 18	饶河县	1053	940.6	11.9	66.5	63	3.5	76.5	70.9	5.6	140
庆承水稻合作社	绥粳 18	勃利县	1012	896.2	12.9	64.9	62.1	2.8	82	76.7	5.3	370
海洋水稻合作社	龙洋 16	七台河	1011	904.4	11.7	67.6	65.1	2.5	83.5	74.1	9.4	300
稻田合作社	齐粳 10 号	明水县	1021	900.9	13.3	67	64	3	79.2	76.2	3	99.5
佳木斯农科院	龙粳 31	富锦市	1187	1084	9.5	71.1	68.2	2.9	75.6	71.2	4.4	120
江苏常州	豪运粳 2278	常州市	1226	1133	8.2	61.3	59.7	1.6	85.8	83.2	2.6	170
广东灿稻	象牙香占	广州市	911	738	23.4	61.8	60.3	1.5	81	79	2	120

表 4－15 2020 年不同地区应用后产量表现数据

2020 年水稻应用安全数据统计						
客户名称	品种	所在地区	产量/（kg/亩）		产量增幅/%	富硒大米硒含量/（μg·kg^{-1}）
			富硒处理	对照		
省农科院牡丹江分院	龙洋 16	牡丹江宁安市	616.3	538.4	14.5	未检测
省农科院生物研究所	松粳 28	哈尔滨五常市	546.9	504.7	8.3	未检测
青冈县通泉村温加良	绥粳 27 和盛誉 1 号混种	绥化青冈县	549.1	511.8	7.3	230
青冈县通泉村刘庆海	绥粳 27 和盛誉 1 号混种	绥化青冈县	532.6	498.7	6.8	120
宾县满井镇马志	金诺 262	哈尔滨市宾县	526.8	492.7	6.9	220
省农科院民主园区	龙稻 363	哈尔滨民主镇	602.5	536.9	12.2	150

表 4－15(续)

<table>
<tr><th colspan="7">2020 年水稻应用安全数据统计</th></tr>
<tr><th rowspan="2">客户名称</th><th rowspan="2">品种</th><th rowspan="2">所在地区</th><th colspan="2">产量/(kg/亩)</th><th rowspan="2">产量增幅%</th><th rowspan="2">富硒大米硒含量/(μg·kg⁻¹)</th></tr>
<tr><th>富硒处理</th><th>对照</th></tr>
<tr><td>七台河寒财稻商贸</td><td>初香粳 1 号</td><td>七台河市</td><td>533.3</td><td>500.1</td><td>6.6</td><td>110</td></tr>
<tr><td>庆阳农场</td><td>绥粳 27</td><td>哈尔滨延寿县</td><td>633.0</td><td>599.1</td><td>5.7</td><td>160</td></tr>
<tr><td>肇东涝洲稻香水稻合作社</td><td>稻花香 2 号和龙稻 18 混种</td><td>绥化肇东市</td><td>548.8</td><td>490.0</td><td>12.0</td><td>130</td></tr>
<tr><td>牡丹江宁安沿江石米业</td><td>中科发 5 号</td><td>牡丹江宁安市</td><td>737.2</td><td>666.5</td><td>10.6</td><td>100</td></tr>
<tr><td>桦南鸿源种业</td><td>龙粳 31</td><td>佳木斯桦南县</td><td>592.4</td><td>540.0</td><td>9.7</td><td>175</td></tr>
<tr><td>依安县田妃家庭农场</td><td>奶香米</td><td>齐齐哈尔依安县</td><td>601.0</td><td>536.6</td><td>12.0</td><td>130</td></tr>
</table>

表 4－16　2021 年不同地区应用产量表现数据

<table>
<tr><th colspan="10">2021 年水稻应用安全部分数据统计</th></tr>
<tr><th rowspan="2">客户名称</th><th rowspan="2">品种</th><th rowspan="2">所在地区</th><th colspan="2">产量/(kg/亩)</th><th rowspan="2">增幅/%</th><th colspan="3">出米率统计/%</th><th rowspan="2">硒含量/(μg·kg⁻¹)</th></tr>
<tr><th>富硒处理</th><th>对照</th><th>富硒处理</th><th>对照</th><th>增幅</th></tr>
<tr><td>宁安市煜丰水稻种植专业合作社</td><td>稻花香 2 号</td><td>牡丹江宁安市</td><td>504.0</td><td>445.8</td><td>13.04</td><td>56.0</td><td>53.0</td><td>3.0</td><td>240</td></tr>
<tr><td>兰西县兰河乡鑫拓水稻种植合作社</td><td>龙稻 18</td><td>绥化兰西县</td><td>645.5</td><td>576.9</td><td>11.90</td><td>68.0</td><td>65.0</td><td>3.0</td><td>240</td></tr>
<tr><td>五常市朝乡米业水稻种植合作社</td><td>稻花香 2 号</td><td>哈尔滨五常市</td><td>632.3</td><td>571.4</td><td>10.65</td><td>60.0</td><td>58.0</td><td>2.0</td><td>190</td></tr>
<tr><td>兰西县长江乡泽兰湖水稻种植合作社</td><td>稻花香 2 号</td><td>绥化兰西县</td><td>477.6</td><td>419.0</td><td>14.07</td><td>60.6</td><td>57.1</td><td>3.5</td><td>260</td></tr>
<tr><td>依兰县笨源村食品有限责任公司</td><td>齐粳 10 号</td><td>哈尔滨依兰县</td><td>596.0</td><td>527.9</td><td>12.90</td><td>62.0</td><td>60.0</td><td>2.0</td><td>280</td></tr>
</table>

四、研究结论

1. 水稻苗期使用生物活性壮苗剂后，稻苗叶色浓绿，根白根长，茎基部扁平粗壮，抗病性增强，插秧后扎根快，缓苗快，有效分蘖数增加。

2. 水稻基因转录组分析的结果也为其优异表现提供了强大的理论支撑。

3. 水稻使用提质增效富硒技术后产量增幅达 5.7%～26.7%；出米率提高 1.5%～6.6%；食味评分提高 1～9.4 分；硒含量达到国家富硒标准(40 μg/kg)以上。

第二节　直播水稻提质增效营养富硒技术研究

一、研究目标

大量研究表明，通过水稻种植时补充硒元素，能够有效提高稻谷中的硒元素含量，从而生产出富硒稻谷。水稻的栽培方式分为直播和移栽两种，但目前水稻富硒栽培技术研究却主要以移栽稻为主，较少涉及直播稻。随着农业科技进步，本部分将新型的富硒技术与壮苗技术结合应用于了寒地水稻直播栽培中，研究了其对寒地直播稻的生育期、经济产量和加工品质等的影响与机制，以期为寒地富硒直播稻生产提供一定的借鉴与参考。

二、研究方法

（一）试验地点

试验于2020年在哈尔滨市道外区民主乡黑龙江省农业科学院水田试验基地进行。试验地为连作稻田，土壤类型为黑土，地势平坦，江水灌溉。

（二）试验设计

试验采取旱直播栽培方式，播种机械为河北峥嵘农机有限公司生产的2BDH型水稻旱条播机，播种量为270 kg/hm^2，行距为20 cm，施氮量为纯N 150 kg/hm^2，基肥∶苗肥∶分蘖肥∶孕穗肥所占比例为2∶2∶3∶3。P_2O_5为70 kg/hm^{2}全部做基肥一次性施用，K_2O为60 kg/hm^2，70%做基肥一次性施入，30%作为穗肥施入。旱直播稻三叶期以后均采用水管的方式，其他管理均同生产田。

试验品种为“龙粳21号”，共设4个处理，具体方案（表4－15）。试验所用壮苗剂为黑龙江天辉奥创农业科技有限公司提供的生物活性壮苗剂（含氨基酸水溶肥），生物活性硒为黑龙江天辉奥创农业科技有限公司所提供的生物活性硒营养液，药剂各时期喷施用量均按说明进行。

表4－15　壮苗剂与生物活性硒处理方案

处理	壮苗剂	生物活性硒
CK	全生育期不喷施壮苗剂	全生育期不喷施生物活性硒
M_1	1叶1心期喷施壮苗剂，以后不再喷施壮苗剂	全生育期不喷施生物活性硒
M_2	1叶1心期喷施壮苗剂，以后不再喷施壮苗剂	全生育期不喷施生物活性硒
M_3	1叶1心期和2叶1心期各喷施1次壮苗剂，以后不再喷施壮苗剂	全生育期不喷施生物活性硒

表 4-15(续)

处理	壮苗剂	生物活性硒
M_3X_2	1 叶 1 心期、2 叶 1 心期和 3 叶 1 心期各喷施 1 次壮苗剂,以后不再喷施壮苗剂	始穗期和齐穗期各喷施 1 次生物活性硒

(三)试验测定内容与方法

生育期:详细记录各产量水平的齐穗期和成熟期。齐穗期为全田有 80% 的水稻植株抽穗时为齐穗期。成熟期为全田有 95% 以上稻粒呈现金黄色时为成熟期。

生物重:旱直播稻在成熟期,每个小区选取长势一致的区域按长度取样,每个处理三次重复均取 2 个 20 cm 长度的样品,并分穗部和叶茎鞘两部分,并计算谷草比。

收获测产:成熟后,每个小区分别收取涨势均匀的 1 m^2 实收(即每个小区 2 次重复),脱粒、除杂、晾晒,称重,并测定稻谷含水量。产量计算用公式如下:

实测产量(t/hm^2) = 实收稻谷重(kg/m^2) ×(1 - 实测含水量)/(1 - 国家标准含水量 14.5%) ×10 000 m^2/1 000 kg。

室内考种:成熟后,直播稻每个处理每个小区取 2 个 20 cm 长的样品用于室内考种。考种时调查穗数、每穗粒数、结实率和千粒重等。

加工品质:籽粒收获 1 个月后测定稻米的加糙米率、精米率。

三、研究结果

(一)壮苗剂与生物活性硒对直播稻生育时期的影响

表 4-16 显示了壮苗剂与生物活性硒不同处理间旱直播稻齐穗期与成熟期的差异,结果表明,M_3X_2 处理和 M_3 处理的齐穗期为 7 月 30 日,比 CK、M_1 和 M_2 分别提早了 4 d、3 d 和 2 d,M_3X_2 处理和 M_3 处理的成熟期亦为最早,比 CK、M_1 和 M_2 分别提早了 4 d、2 d 和 2 d。

表 4-16 不同处理间直播稻齐穗期与成熟期的差异

处理	齐穗期	成熟期
CK	8 月 3 日	9 月 19 日
M_1	8 月 2 日	9 月 17 日
M_2	8 月 1 日	9 月 17 日
M_3	7 月 30 日	9 月 15 日
M_3X_2	7 月 30 日	9 月 15 日

(二)壮苗剂与生物活性硒对直播稻生物产量性状的影响

表4-17分析了壮苗剂与生物活性硒不同处理间旱直播稻生物产量和谷草比的新复极差,结果表明,谷草比在各处理间差异均不显著,生物重则表现为 $M_3X_2 > M_3 > M_1 > M_2 > CK$,$M_3X_2$ 和 M_3 处理间差异不显著,但均显著高于其他处理,M_1、M_2 和 CK 处理间差异不显著。图4-10和图4-11进一步分析了谷草比、生物产量与经济产量的相关系数,结果表明,谷草比与经济产量的相关性不显著,生物产量与经济产量的相关系数却达到了极显著正相关。

表4-17 不同处理间直播稻生物产量性状差异

处理	谷草比	生物重/(kg·hm^{-2})
CK	0.94	14 504.92
M_1	0.95	16 103.77
M_2	1.01	15 342.20
M_3	0.94	18 113.67
M_3X_2	0.94	18 212.70

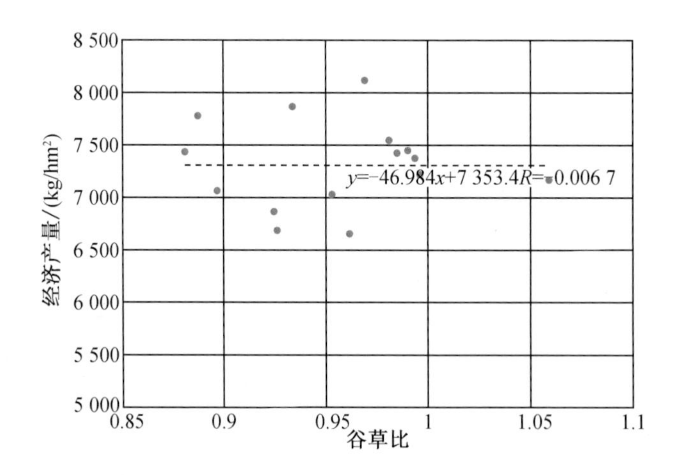

图4-10 谷草比与经济产量的相关系数(r)

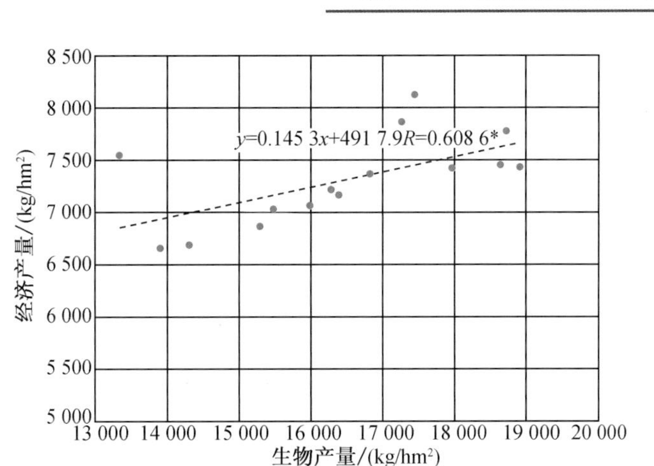

图 4－11　生物产量与经济产量的相关系数(r)

注:相关系数临界值, $a=0.05$ 时, $r=0.514\ 0$, $a=0.01$ 时, $r=0.641\ 1$。

(三)壮苗剂与生物活性硒对直播稻经济产量性状的影响

表4－18 则进一步分析了壮苗剂与生物活性硒不同处理间旱直播稻经济产量的差异,结果表明理论产量为 $M_3X_2>M_3>M_2>M_1>CK$,M_3X_2 和 M_3 处理间的理论产量差异不显著,但均显著高于其他三个处理,M_2 和 M_1 处理间的理论产量差异也达到了显著水平,并均显著高于 CK。在最终的经济产量结果也表现了相近的趋势,即为 $M_3X_2>M_3>M_2>M_1>CK$,M_3X_2、M_3、M_2 和 M_1 处理分别 CK 高了 13.0%、12.45%、7.78% 和 5.68%,而新复极差分析表明,M_3X_2、M_3 和 M_2 处理间经济产量差异未达显著,但 M_3X_2、M_3 的理论产量均显著高于 M1 和 CK 处理。表 4－18 进一步分析结果表明,各处理间产量构成因素的差异在穗粒数、结实率和千粒重上差异均未达显著水平,而穗数却表现为 $M_3X_2>M_3>M_2>M_1>CK$, M_3X_2、M_3 和 M_2 处理间穗数差异未达显著,但 M_3X_2、M_3 的穗数均显著高于 M_1 和 CK 处理。

表 4－18　不同处理间直播稻经济产量性状的新复极差分析

处理	穗数 /(个·m^{-2})	穗粒数 /(个/穗)	结实率/%	千粒重/g	理论产量 /($kg\cdot hm^{-2}$)	经济产量 /($kg\cdot hm^{-2}$)
CK	575.00	46.78	94.99	29.01	7 403.60	6 732.32
M_1	591.67	48.76	95.01	29.54	8 087.20	7 152.79
M_2	612.50	50.02	96.19	28.96	8 516.16	7 308.65
M_3	641.67	51.78	95.51	29.10	9 223.23	7 653.80
M_3X_2	670.83	51.30	95.99	29.14	9 563.50	7 695.09

表4－19 分析了壮苗剂与生物活性硒不同处理间直播稻经济产量性状间的相关系

数,结果表明,经济产量与理论产量和穗数分别达到了显著和极显著的正相关,但与穗粒数、结实率和千粒重的相关性均未达显著水平。

表 4-19　不同处理间直播稻经济产量性状间的相关系数(r)

变量	穗数	穗粒数	结实率	千粒重	理论产量
穗粒数	-0.123 6	—	—	—	—
结实率	0.171 5	0.143 3	—	—	—
千粒重	-0.223 7	0.058 7	-0.205 9	—	—
理论产量	0.648 5	0.661 7	0.306 5	-0.022 2	—
经济产量	0.585 2	0.478 6	0.187 9	-0.184	0.792 9

注:相关系数临界值 $a=0.05$ 时, $r=0.514\ 0$, $a=0.01$ 时, $r=0.641\ 1$。

(四)壮苗剂与生物活性硒对直播稻加工品质的影响

图 4-12 和图 4-13 分析了壮苗剂与生物活性硒不同处理间直播稻加工品质的差异,结果表明,各处理间的糙米率均达到了 81% 以上,但处理间差异均未达显著水平,而精米率却为 $M_3X_2 > M_3 > M_1 > M_2 > CK$,其中 M_3X_2 的精米率达到了 73.16%,显著高于 M_3、M_1、M_2 和 CK,分别提高了 1.18、1.58、1.47 和 2.07 个百分点,但 M_3、M_1、M_2 和 CK 各间差异均未达显著水平。

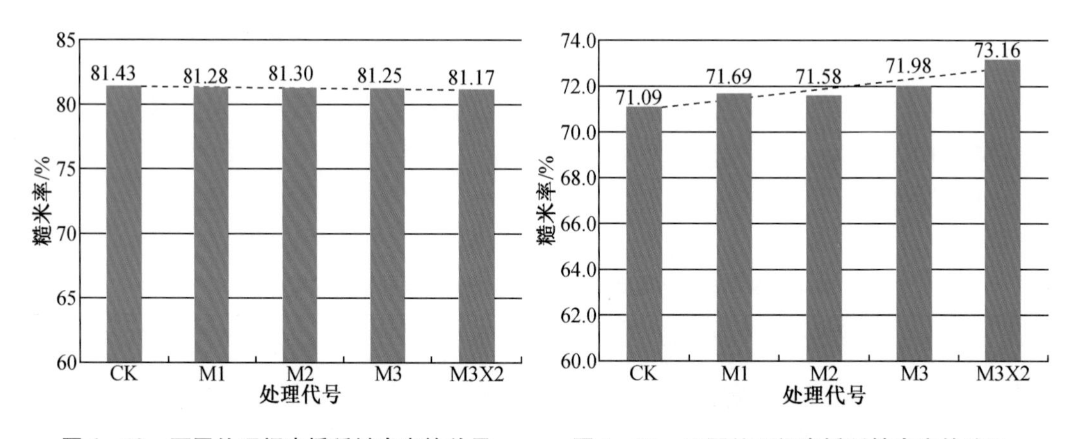

图 4-12　不同处理间直播稻糙米率的差异

图 4-13　不同处理间直播稻精米率的差异

四、研究结论

近年来,硒在人体健康中的独特作用及保健功 能越来越被重视,各地开发硒资源、发展硒产业正在兴起。稻米是中国居民的主食,70% 人群以食用稻米为主,富硒稻米作为功能性药食同源食品,可以有效解决居民硒摄入不足问题。由于无机态硒存在较大的毒性,人体直接食用可引起毒害作用，并且无机态硒在人体和动物体内均不易被吸收和利用。因此，在植物生长发育过程中将无机态硒添加到土壤或喷施，以此方法将有毒的无机态硒通过转化成植物体内可食用的活性更高的有机硒，以此间接地达到补硒的目的。

（一）壮苗剂、生物活性硒与直播稻的生育时期

前人在富硒技术对水稻生育时期影响的研究报道相对较少。本研究表明，壮苗剂与生物活性硒不同处理间旱直播稻齐穗期与成熟期的差异，M_3X_2 处理和 M_3 处理的齐穗期比 CK、M_1 和 M_2 分别提早了 4 d、3 d 和 2 d，M_3X_2 处理和 M_3 处理的成熟期亦为最早，比 CK、M_1 和 M_2 分别提早了 4 d、2 d 和 2 d。在寒地稻区直播栽培生育期压力加大的条件下，应用壮苗剂结合生物活性硒具有一定的促早熟作用，利于实现寒地直播稻的安全成熟。

（二）壮苗剂、生物活性硒与直播稻的产量性状

前人的研究表明，水稻生物量受到生长发育过程的影响，并与水稻产量有着密切的关系，高的生物量是获得高产的物质基础。本书也得出了相似的结论，直播稻的生物产量与经济产量间的相关系数却达到了极显著正相关。此外，谢成林等人研究表明，施硒肥处理的水稻干重都略高于对照，虽然差异不显著，但是干物质与施硒量存在一定的正相关关系。本研究中，生物量表现为 $M_3X_2 > M_3 > M_1 > M_2 >$ CK，M_3X_2 和 M_3 处理间差异不显著，但均显著高于其他处理，这表明单用壮苗剂和壮苗剂与生物活性硒相结合均能显著增加直播稻的生物量。经济产量结果也表现了相近的趋势，即为 $M_3X_2 > M_3 > M_2 > M_1 >$ CK，M_3X_2、M_3、M_2 和 M_1 处理分别 CK 高了 13.0%、12.45%、7.78% 和 5.68%，各处理间产量构成因素的差异在穗粒数、结实率和千粒重上差异均未达显著水平，而穗数却表现为 $M_3X_2 > M_3 > M_2 > M_1 >$ CK，M_3X_2、M_3 和 M_2 处理间穗数差异未达显著，但 M_3X_2、M_3 的穗数均显著高于 M_1 和 CK 处理。这表明单用壮苗剂和壮苗剂与生物活性硒相结合主要通过增加直播稻的有效穗数来提高了直播稻的经济产量。

（三）壮苗剂、生物活性硒与直播稻的品质性状

前人对插秧稻做了大量研究。孙亚波等研究表明，叶面喷施硒肥可以在一定程度上对作物品质有一定改善作用，通过在水稻齐穗期采用叶面喷施一定浓度的硒肥可以有效改善水稻稻米品质，对于稻米外观品质，施硒可以显著降低稻米垩白粒率和垩白度，但是对稻米的粒长、粒宽和长宽比没有显著变化。朱文东等人通过对水稻喷施有机硒肥实验中发现，在水稻不同生育时期喷施叶面肥，水稻的外观品质、营养品质和蒸煮品质均有不同程度的提高，且在齐穗期喷施效果最佳，孕穗期次之。稻米碾磨品质中整精米率是衡量水稻品质的主要指标，并且通过喷施硒肥可以显著增加稻米精米率，提高整精米率比例。本书研究了在寒地稻区旱直播稻应用壮苗剂和生物活性硒的效果，结果表明 M_3X_2 处理能够有效地提高稻谷的精米率，应用壮苗剂结合生物活性硒能够改善直播稻加工品质。

第五章　黑龙江省水稻提质增效营养富硒栽培技术

一、品种选择

选择优质、高产、抗病、抗倒、耐冷、耐肥、后熟快的审定品种。

二、育苗技术

（一）壮苗标准

秧龄 30～35 d，叶龄 3.1～3.5 片，苗高 13 cm 左右，根数 10 条以上，百株苗干重 3.0 g 以上。生长整齐，茎基节宽，盘根好。

（二）育苗前准备

1. 秧田选择

选择地势平坦、靠近水源、排水方便、无病虫杂草、土质肥沃的中性或偏酸性旱田，建立集中育苗地，秧田长期固定，连年培肥。纯水田地区采用高台育苗，苗床高出地面 20～30 cm。苗床面积与本田面积按 1∶100 计算。

2. 清雪扣棚

每年及早清除大棚区积雪，远离育苗棚室堆放，防止雪水回流。地势低洼的大棚四周要挖排水沟（至少宽 0.5 m、深 0.6 m 以上）。尽量早完成扣棚，棚膜要求透光较好，固定牢固。

3. 整地做床

尽量秋整地秋做床。春做床要在土壤融化深度 20 cm 以上时，立即翻地、晾晒，散墒增温，水分适宜时再旋碎，打好高台育苗床（即高出地面 20～30 cm 的苗床），将床面土整平耙细，用磙子碾压平，床土上实下松，确保达到旱育苗标准。每 10 m^2 内高低差不超过 0.5 cm。

底床旋耕时最好施入 15 kg/m^2 的优质腐熟农家肥，或商品有机肥 200～250 kg/100 m^2，拌入 10 cm 土层内。

摆盘前先测定置床 pH 值，每百平方米用 77.2% 固体硫酸 1～2 kg，拌过筛细土后均匀撒施在置床表面，然后耙入土中 0～5 cm，使置床 pH 值在 4.5～5.5。

4. 准备营养土

清雪扣棚后，抢前准备营养土，育苗基质应以腐熟肥沃土为主，床土要求结构疏松，养分全，有机质含量高，无草籽，无长残效农药，无盐碱。

育苗土最好在秋季以旱田土3份，腐熟草炭或腐熟猪粪1份，混拌均匀堆积备用。第二年育苗前一周，将堆积好的盘土过筛，与壮秧剂混拌，再用塑料布覆盖待用。且勿边拌边装盘，这样容易产生烧苗或发生立枯病。拌壮秧剂时营养土不能太干，绝对含水量在30%以上。壮秧剂用量按说明使用。

5. 装土摆盘

在底床整平的基础上，在播种前2~3 d摆盘。摆盘前底床先喷噁霉灵1 mL/m^2杀菌，盘下尽量不放置任何阻断返墒的隔离物，切忌铺打孔塑料膜等。每盘装入配制好的营养土至少2.5 cm厚度以上。摆盘整齐一致，不漏缝隙。然后一次性浇透底水，水不过量，浇水湿润土层15 cm以上。

6. 调酸杀菌

结合浇底水过程进行苗床调酸，95%浓硫酸1 000倍液浇2~3 kg/m^2，确保pH值在4.5~5.5，浇水最后二遍前再喷施一遍杀菌剂（30%甲霜·噁霉灵，每平方米用1.5~2 mL加水3 L喷雾）进行苗盘消毒。

（三）种子准备

1. 种子质量

种子质量要求发芽率90%以上，发芽势>85%，纯度>99%，净度>98%，水分<15.5%。

2. 晒种

浸种前，3月下旬选晴暖天气中午晒种2~3 d，每天翻动3~4次。

3. 选种

用比重为1.13的盐水选种，即50 kg水加11 kg盐（要用鲜鸡蛋测定，鸡蛋漂浮水面露出二分硬币大小即可），捞出秕谷，再用清水冲洗2遍，洗掉盐分。

4. 包衣

盐选种子放置10~12 h后，用含有精甲霜灵、咯菌腈、嘧菌脂等成分的水稻种衣剂包衣，有效防治立枯病、恶苗病等苗期病害。种衣剂按说明书方法使用。

5. 浸种

把包衣的种子用2 000~2 500倍液25%氰烯菌酯浸种，在水温11~12 ℃条件下浸种消毒5~7 d，每天搅拌1~2次。要保证足够的药液浓度，药液液面要高出种子15 cm以上，做到充分消毒。积温达100 ℃，观察谷壳半透明，腹白分明，胚部膨大即可。

6. 催芽

将浸泡好的种子，在温度30~32 ℃条件下破胸；当种子有80%左右破胸时，将温度降到25 ℃催芽；当芽长1 mm时，降温到15~20 ℃晾芽6 h播种。注意催芽温度最好不要超过32 ℃。

(四)播种

1. 播种时期

当地日平均气温稳定通过5 ℃,棚内置床温度12 ℃以上时开始播种。一般在4月10日开始播种。

2. 播量

严格控制播种量,机插秧每盘播盐选后芽种125 g,最好每平方厘米不超过3粒。调好播种机,使种子分布均匀一致。

3. 覆土

播后一定压种,使三面入泥,一面向上。用过筛无草籽的沃土盖严种子,覆土厚度0.8 cm左右为宜,厚薄一致。

4. 平铺地膜

播种覆土后在床面平铺地膜,也可在床面盖一层无纺布,再盖地膜,使出苗时间缩短,不超过7 d。

5. 三膜覆盖

如早育苗遇阶段性低温,可在内部搭架小棚,进行三膜覆盖增温,晚上盖膜,白天打开,确保防止夜间低温冷害发生。

(五)秧田管理

1. 揭膜

播种5 d后要到棚中查看出苗情况,出苗80%左右撤掉地膜,防止烧苗。撤膜时棚边出的不齐处可晚撤1~2 d。苗床露籽处补盖土,缺水的地方用细嘴喷壶补水。

2. 控温

叶尖下1 cm处放温度计。播种到出苗期,密闭保温,棚内温度不宜超过35 ℃;出苗至1叶1心期,注意开始通风炼苗,棚内温度控制在25~28 ℃。秧苗1叶1心到2叶1心期,逐步增加通风量,棚内温度控制在22~25 ℃,注意夜间冻害,严防高温烧苗和秧苗徒长。秧苗2叶1心到3叶1心期,棚内温度控制在20~22 ℃,苗期棚内温度超过上限应及时通风。移栽前7 d夜间温度超过10 ℃时要昼夜通风炼苗。

开棚时间在早上5点前,秧苗小时下午要早关棚,大时可晚关,前期温差要小,棚内不能忽高忽低。雨天也要通风降湿炼苗。

3. 管水

出苗前保湿不积水,苗床局部过湿要撤膜散墒,过干补水,露籽处补土,然后再覆膜。第1叶伸长期过干处补水,少浇或不浇水,保持旱育状态。2叶1心期以后如遇盘土发白,早晚叶尖不吐水,或午间心叶卷曲,要及时补透水。

移栽前在保证秧苗不萎蔫的情况下不浇水,控水蹲苗壮根,促进移栽后发根好、返青快。要选择早上浇水,一次性浇足浇透,避免中午高温时浇水。

4. 防病

在秧苗1.5叶期、2.5叶期，喷施30%甲霜・噁霉灵1.5～2 mL/m^2，喷后再用pH值4.5左右酸水(95%浓硫酸1 000倍液浇2～3 kg/m^2)冲洗。

5. 除草

置床除草，铺盘前用10%草克星可湿性粉剂10 g/100 m^2，均匀喷施。

苗后灭草，在水稻秧苗1.5～2.5叶期，稗草2叶期前茎叶处理，每百平方米10%千金乳油12 mL防除禾本科杂草，间隔2天后每百平方米用48%排草丹(苯达松)25 mL防除阔叶杂草，两种药剂切不可混合一起施用。

6. 营养

在水稻苗期1叶1心，2叶1心，3叶1心喷施生物活性水稻壮苗增效剂各一次，用量为50倍稀释(1瓶300 mL兑水15 kg)叶面喷施，无须洗苗。

在秧苗1.5叶期和2.5叶期如果苗床明显脱肥，追施硫酸铵5 g/盘(或尿素2 g/盘)，将硫酸铵与适量过筛细土混拌均匀后撒施在秧田上，施肥后要立即喷一遍清水洗苗，以防化肥烧苗。追肥前不能浇水，以免床土含水饱和，肥水渗不进去。

7. 杀虫

移栽前1～2 d，360m^2大棚采用48%噻虫胺微囊悬浮剂3 000 mL，兑水45 kg喷雾，喷施后洗苗带药下田，预防潜叶蝇。

三、整地培肥

(一)培肥地力

首先应选土质肥沃、平整、保水、保肥、通透性好、有机质含量高的地块。有条件的农户每年要增施腐熟有机肥22 500～30 000 kg/hm^2，进行培肥地力。

(二)耕整地

整地前要清理和维修好灌排水渠，保证畅通。修整方条田，池子面积以1 000 m^2以上为宜，减少池埂占地。

翻地：秋翻地在土壤适宜含水量25%～30%时进行秋翻地，深翻15～20 cm，有条件的可进行旋耕，翻旋结合。春翻地在土壤化冻15～20 cm顶凌早翻，翻地深浅一致，无漏耕。

泡田：4月下旬到5月上旬放水泡田，用好“桃花水”。

整地：旱整地与水整地相结合，坚持“旱整平、浅打浆”，提早整地，避免苗等地、壮苗变弱苗。旱整地要到头、到边、不留死角，耙平、整平堑沟，地表有15～18 cm以上的松土耕层。水整地在放水泡田3～5 d后，打浆捞平，做到田面平整、土壤细碎，同池内高低差不大于3 cm，做到“寸水不露泥，灌水棵棵到、排水处处干”，尽量减少打浆次数，秸秆埋在泥下。

四、插秧

（一）插秧前封闭

选用安全防效好的药剂。插秧前5～7 d，选用25%噁草酮1 800 mL/hm^2 进行封闭除草，水整地后上水施入。封闭水层适宜高度7 cm左右，保留水层5～7 d，尽量做到插前肥水、药水不排出。

（二）插秧时期

日平均气温稳定通过12～13 ℃时开始插秧，大约在5月10—15日开始，5月25日结束。

（三）插秧规格

采用机插秧方式，有条件可进行宽窄行方式，优质栽培以稀植为主，插植穴数每平方米在25穴左右，插苗5～8株/穴。

（四）插秧质量

插秧做到行直，穴匀、棵准，不漏穴，花达水不漂苗，插秧深度不超过2 cm，插后及时查田补苗，补水护苗防低温冷害。

五、施肥管理

（一）施底肥

施用复合肥料400 kg/hm^2（$N:P_2O_5:K_2O=20:8:12$，总养分≥40%），肥料中应含有多种中微量元素（硫、镁、钙、硅、锌、硼、钼、锰、铁等）。可酌情增施硅肥，进行全层施肥。

（二）返青分蘖肥

早施分蘖肥，促进低位分蘖发生，分蘖肥在返青后立即施用（4叶期），每公顷施硫酸铵50 kg，加尿素50 kg拌匀混合施入。分蘖期遇到低温可叶面喷施流体锌肥（700 g/L悬浮剂型）200 g/hm^2 促进分蘖。

（三）穗肥

抽穗前20 d（水稻倒2叶露尖到长出一半），施入硫酸钾或氯化钾50 kg/hm^2。依据田间长势，如果出现脱肥现象，酌情施用尿素15～30 kg/hm^2。拔节孕穗期可以施用离子硅肥400 mL/hm^2 次无人机喷施，使叶片上举促进光合，茎杆粗壮。

（四）粒肥

在齐穗、灌浆期叶面喷施生物活性硒营养液（1 kg/hm^2，人工喷施1:300稀释，无人机喷施1:20稀释），不要与农药、杀菌剂等混用，用清水单配单施。在破口期、齐穗期喷施磷酸二氢钾1 500 g/hm^2，与预防稻瘟稻药剂混配混喷，促进早熟，提高充实度和食味。

（五）富硒

在苗期施用生物活性壮苗剂的基础上，在孕穗期、扬花期叶面喷施生物活性硒营养液各一次，用量为 1 kg/hm^2，人工喷施 1:300 稀释，无人机喷施 1:20 稀释。

六、灌溉管理

（一）插秧后水层管理

移栽后返青期到分蘖期要浅水灌溉，田间水层保持 3 ~ 5 cm，以提高水温、地温，促进早生快发，浅水层一直保持到有效分蘖终止期，大体时间为早插秧 6 月 25 日前后。

（二）晒田

当分蘖数达到目标分蘖数的 80% 时（大体时间为 6 月 25 日前后），排水晒田 5 ~ 7 d，达到龟裂程度或脚窝无水，抑制无效分蘖，排除土壤中有害气体。

（三）中后期水层管理

孕穗期保持水层 3 ~ 5 cm，水稻减数分裂期如遇到 17 ℃以下低温，田间要灌水护胎，要求灌水深度 18 ~ 20 cm，水温 18 ℃以上。

齐穗后采用间歇浅水灌溉，待水层达 0 水位，脚窝无水时再灌下茬水。

收割前 15 d 停灌。

七、除草防病

（一）除草

1. 插秧后封闭除草

插秧 10 ~ 15 d 后用 30% 莎稗磷（阿罗津）乳油 750 ~ 900 mL/hm^2，与 10% 吡嘧磺隆（草克星）150 ~ 225 g/hm^2 混配，兑水 225 kg/hm^2 用施。

田间草相较为复杂，禾本科杂草、阔叶杂草、莎草科杂草均有发生时，依据田间杂草实际发生种类、叶龄、气温及田间水层管理情况，选择适合的除草剂进行复配组合施药防除。

2. 插秧后茎叶处理

水稻移栽后 15 ~ 20 d，禾本科杂草阔叶杂草混合发生地块，可使用 25 g/L 五氟磺草胺 1 200 ~ 1 500 mL/hm^2 + 3% 氯氟吡啶酯 525 ~ 600 mL/hm^2 茎叶喷雾；阔叶杂草及莎草科杂草为主的地块，460 g/L 二甲四氯 · 灭草松水剂 3 000 mL/hm^2 茎叶喷雾。

（二）防病

防治稻瘟病在选用抗病品种、稀植栽培的条件下，控制氮肥用量，加强稻瘟病的预测预报，控制发病中心。

当田间发病达到防治指标时，在孕穗（倒 2 叶露尖）、破口、齐穗三个时期应用 9% 吡唑醚菌酯 900 mL/hm^2 兑水量 30 L 或用 40% 稻瘟灵乳油 1 500 mL/hm^2、75% 三环唑可湿性粉剂 375 g/hm^2。防病同时喷施流体硼肥(150 g/L)200 g/hm^2·次无人机喷施,加磷酸二氢钾 750 g/hm^2。

防控纹枯病用 24% 噻呋酰胺悬浮剂 300 mL/hm^2,在水稻分蘖盛期和封行前各一遍。

防治稻曲病选用 30% 苯甲·丙环唑乳油 300 mL/hm^2,在水稻破口期前 7 ~ 10 d 施药。

防治叶鞘腐败病和褐变穗等可采用 1.5% 多抗霉素可湿性粉剂 1 950 mL/hm^2,防治时期与稻瘟病相同。

田间病害往往混合发生,防治策略上应采取注意施药时期,统一防治策略,视田间实际发病情况,尽量选择对稻瘟病、纹枯病、稻曲病具有兼防作用的药剂,做到一喷多防。

(三)治虫

防治潜叶蝇和负泥虫,以农业防治为主,潜叶蝇危害严重地块采用化学药剂防治,选用噻虫嗪或噻虫胺对潜叶蝇、负泥虫都具有较好防效,选用氯虫苯甲酰胺可防治水稻螟虫及稻摇蚊幼虫,在绿色农业生产中可使用阿维菌素对潜叶蝇进行防治,具体用量参考产品标签说明。

八、收获

(一)收获时期

9 月 25 日以后,水稻黄化完熟率 95% 以上,籽粒含水量 25% 左右是为收获适期,稻谷品质最佳。

(二)贮存条件

籽粒含水量 16% 以下。

第六章　水稻提质增效营养富硒技术实际案例

第一节　黑龙江省第一积温带粳稻区应用案例

一、水稻苗期应用生物活性壮苗剂效果

（一）黑龙江省农业科学院国家现代农业示范区应用生物活性壮苗剂育苗效果

在哈尔滨市道外区民主乡国家现代农业示范区开展生物活性壮苗剂育秧实验，以“龙稻363”和“中龙粳100”为材料，在苗床期分别于1叶1心，2叶1心，3叶1心进行生物活性壮苗剂50倍稀释叶面喷施，对照（CK）不喷施，分别对移栽前对水稻秧苗素质和插秧后田间表型进行调查。使用生物活性壮苗剂的处理组与对照组相比，“龙稻363”茎基部宽度平均增幅达13.7%；整株鲜重、根鲜重和茎叶鲜重平均增幅分别为24.2%、11.6%和34.3%；整株干重、根干重和茎叶干重平均增幅分别为26.0%、6.9%和36.7%；“中龙粳100”茎基部宽度、四叶宽和三叶宽增幅分别为5.8%、8.7%和5.9%；整株鲜重、根鲜重和茎叶鲜重增幅分别为13.7%、7.7%和15.3%；整株干重、根干重和茎叶干重增幅分别为8.7%、3.6%和10.2%。上述结果表明生物活性壮苗剂水稻苗期的应用效果处理组明显优于对照组，插秧后的田间表现也证实了这一结果（表6－1、表6－2、图6－1、图6－2）。

表6－1　黑龙江省农业科学院国家现代农业示范区“龙稻363”苗期素质调查（2020年5月8日）

龙稻363（处理对照各三次重复）	茎基部平均宽度/mm	整株鲜重/g	根鲜重/g	茎叶鲜重/g	整株干重/g	根干重/g	茎叶干重/g
壮苗剂处理一（50株）	2.38	11.86	4.72	7.14	2.37	0.74	1.63
壮苗剂处理二（50株）	2.46	12.54	5.51	7.03	2.49	0.83	1.66
壮苗剂处理三（50株）	2.39	11.98	4.78	7.20	2.39	0.75	1.64
对照（CK）一（50株）	2.02	9.11	4.07	5.04	1.82	0.67	1.15
对照（CK）二（50株）	2.17	9.91	4.58	5.33	1.86	0.72	1.14
对照（CK）三（50株）	2.17	10.30	4.78	5.52	2.09	0.78	1.31
壮苗剂处理平均值	2.41	12.13	5.00	7.12	2.42	0.77	1.64

表 6-1(续)

龙稻 363 (处理对照各三次重复)	茎基部平均宽度/mm	整株鲜重/g	根鲜重/g	茎叶鲜重/g	整株干重/g	根干重/g	茎叶干重/g
对照(CK)平均值	2.12	9.77	4.48	5.30	1.92	0.72	1.20
增加(增幅)	0.29 (13.7%)	2.36% (24.2%)	0.52 (11.6%)	1.82 (34.3%)	0.50 (26.0%)	0.05 (6.9%)	0.44 (36.7%)

表 6-2 黑龙江省农业科学院国家现代农业示范区“中龙粳 100”苗期素质调查(2020 年 6 月 11 日)

中龙粳 100	茎基部宽/mm	四叶宽/mm	三叶宽/mm	整株鲜重/g	根鲜重/g	茎叶鲜重/g	整株干重/g	根干重/g	茎叶干重/g
壮苗剂处理(50 株)	3.09	4.89	3.75	25.20	6.31	18.89	5.25	1.14	4.11
对照(CK)(50 株)	2.92	4.50	3.54	22.16	5.86	16.38	4.83	1.10	3.73
增加(增幅)	0.17 (5.8%)	0.39 (8.7%)	0.21 (5.9%)	3.04 (13.7%)	0.45 (7.7%)	2.51 (15.3%)	0.42 (8.7%)	0.04 (3.6%)	0.38 (10.2%)

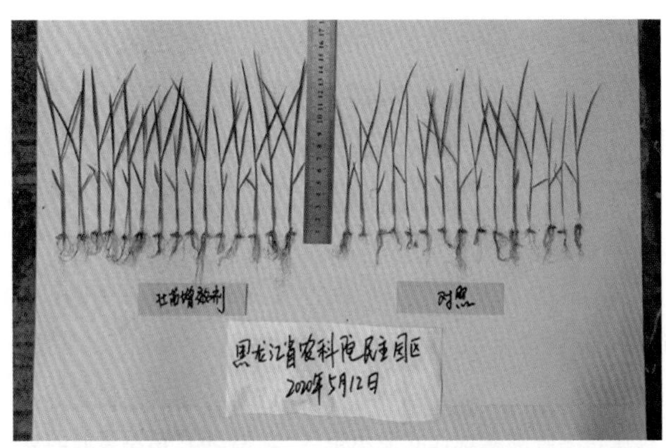

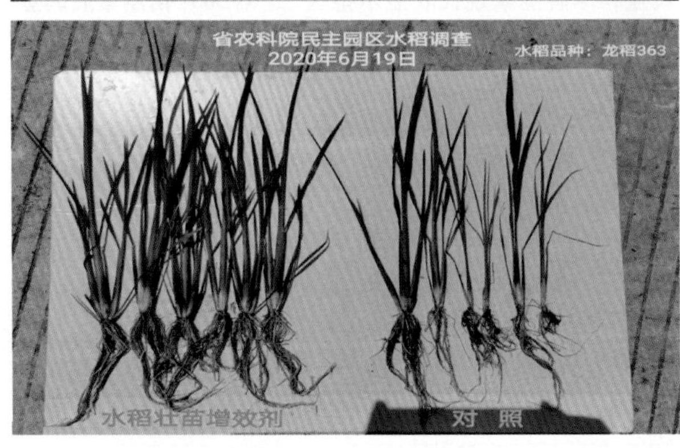

图 6-1 黑龙江省农业科学院国家现代农业示范区“龙稻 363”处理组与对照组插秧后秧苗对比

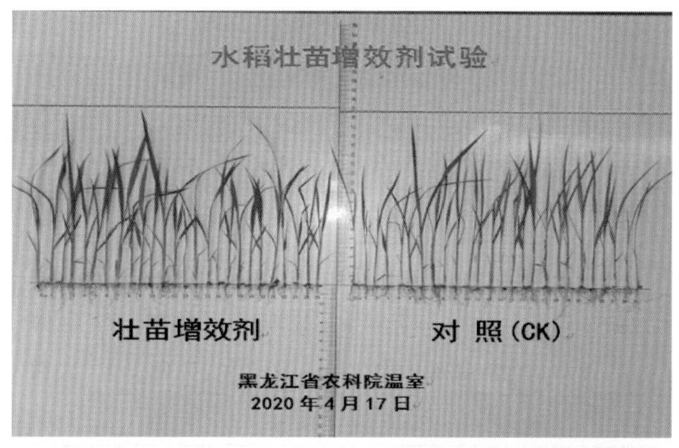

图6－2 黑龙江省农业科学院国家现代农业示范区“中龙粳100”处理组与对照组插秧后秧苗对比

（二）五常市互助水稻合作社应用生物活性壮苗剂育苗效果

五常市卫国乡互助水稻合作社水稻大棚育苗过程中应用生物活性壮苗剂，在苗床期分别于1叶1心，2叶1心，3叶1心进行生物活性壮苗剂50倍稀释叶面喷施，对照（CK）不喷施，分别对移栽前对水稻秧苗素质和插秧后田间表型进行调查。使用生物活性壮苗剂的处理组与对照组相比，“五优稻4号”（稻花香2号）茎基部宽度平均增幅达11.0%；整株鲜重、根鲜重和茎叶鲜重平均增幅分别为23.5%、11.1%和33.9%；整株干重、根干重和茎叶干重平均增幅分别为22.7%、3.7%和34.0%。反映水稻秧苗素质的主要性状指标处理组与对照组相比均有不同程度的增加，表明生物活性壮苗剂水稻苗期的应用效果处理组明显优于对照组（表6－3、图6－3）。

表6－3 哈尔滨五常市互助合作社水稻苗期素质调查（2021年5月6日）

样本：稻花香2号（处理对照各三次重复）	茎基部平均宽度/mm	整株鲜重/g	根鲜重/g	茎叶鲜重/g	整株干重/g	根干重/g	茎叶干重/g
壮苗剂处理一（50株）	2.27	11.69	4.62	7.07	2.29	0.70	1.59
壮苗剂处理二（50株）	2.32	12.01	5.00	7.01	2.39	0.79	1.60

表 6 – 3(续)

样本:稻花香 2 号(处理对照各三次重复)	茎基部平均宽度/mm	整株鲜重/g	根鲜重/g	茎叶鲜重/g	整株干重/g	根干重/g	茎叶干重/g
壮苗剂处理三(50 株)	2.33	12.10	4.99	7.11	2.35	0.73	1.62
对照(CK)一(50 株)	2.04	9.09	4.06	5.03	1.82	0.68	1.14
对照(CK)二(50 株)	2.08	9.78	4.49	5.29	1.87	0.72	1.15
对照(CK)三(50 株)	2.11	10.11	4.60	5.51	2.04	0.74	1.30
壮苗剂处理平均值	2.31	11.93	4.87	7.06	2.34	0.74	1.60
对照(CK)平均值	2.08	9.66	4.38	5.28	1.91	0.71	1.20
增加(增幅)	0.23(11.1%)	2.27(23.5%)	0.49(11.1%)	1.78(33.7%)	0.43(22.5%)	0.03(4.2%)	0.40(33.3%)

图 6 – 3　五常市互助水稻合作社水稻苗期处理组与对照组秧苗素质对比

二、生物活性硒营养液在大田的应用效果

(一)五常市赵老丫水稻合作社生物活性硒大田应用示范

2019 年和 2020 年在哈尔滨五常市营城子乡南土村赵老丫水稻合作社示范区“五优稻 4 号(稻花香 2 号)”开展生物活性硒营养液大田应用效果实验。具体方法为水稻在苗床期分别于 1 叶 1 心,2 叶 1 心,3 叶 1 心进行生物活性壮苗剂 50 倍稀释叶面喷施;本田插秧后,在水稻扬花末期进行生物活性硒营养液 300 倍稀释叶面喷施;对照区采取常规管理措施。2019 年 9 月 7 日和 2020 年 9 月 1 日连续 2 年对示范区进行现场鉴定,处理区水稻长势、丰产性、籽粒成熟度和抗倒伏等性状明显优于对照区(图 6 – 4、图 6 – 5)。2019 年考种数据中株高和有效分蘖平均增幅分别为 4.6% 和 50.0%,穗数、一次枝梗数、一次枝梗粒数、二次枝梗数、二次枝梗粒数、全粒数和百粒重平均增幅分别为 50.0%、44.7%、50.8%、57.5%、61.2%、55.3% 和 4.0%(表 6 – 4),上述结果说明生物活性硒营养液处理后产量性状也明显优于对照组。

表 6－4　2019 年五常市赵老丫水稻合作社水稻考种数据

稻花香 2 号（处理对照各三次重复）	株高/cm	有效分蘖	穗数	一次枝梗数	一次枝梗粒数	二次枝梗数	二次枝梗粒数	全粒数	千粒重/g
硒营养液处理一	123.0	16	16	163	859	234	730	1 589	26
硒营养液处理二	123.5	18	18	195	972	252	797	1 769	25
硒营养液处理三	118.6	23	23	260	1 287	311	984	2 271	27
对照（CK）一	118.0	14	14	160	801	185	547	1 348	26
对照（CK）二	122.0	15	15	166	825	201	615	1 440	24
对照（CK）三	109.0	9	9	101	441	120	395	836	25
硒营养液处理平均值	121.7	19.0	19.0	206.0	1 039.3	265.7	837.0	1 876.3	26
对照（CK）平均值	116.3	12.7	12.7	142.3	689.0	168.7	519.0	1 208.0	25
增加（增幅）	5.4（4.6%）	6.3（50.0%）	6.3（50.0%）	63.7（44.7%）	350.3（50.8%）	97.0（57.5%）	318.0（61.2%）	668.3（55.3%）	1.0（4.0%）

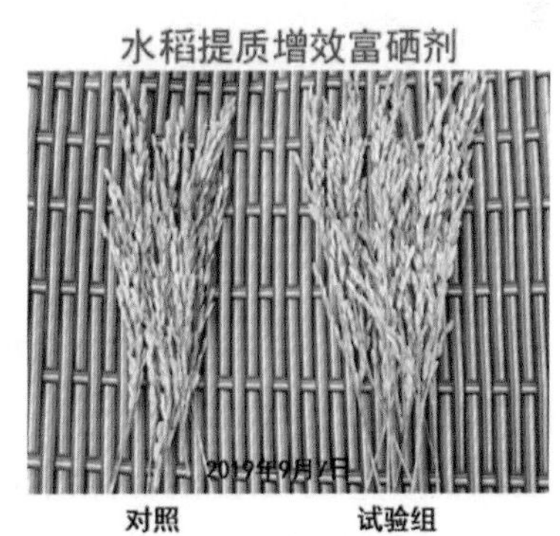

图 6－4　2019 年五常市赵老丫合作社示范区大田表现

图 6－5　2020 年五常市赵老丫合作社示范区大田表现

（二）五常市裕民水稻专业合作社生物活性硒大田应用示范

在哈尔滨五常市安家镇裕民水稻专业合作社建立水稻生物活性硒营养液试验示范区，种植品种为“五优稻 4 号（稻花香 2 号）”，在苗床期分别于 1 叶 1 心，2 叶 1 心，3 叶 1 心进行生物活性壮苗剂 50 倍稀释叶面喷施；本田插秧后，在水稻扬花末期进行生物活性硒营养液 300 倍稀释叶面喷施；对照区采取常规管理措施。2020 年 9 月 1 日对示范区进行现场鉴定，处理区水稻长势、抗倒性、籽粒成熟度、丰产性等田间性状明显优于对照区（图 6－6）。

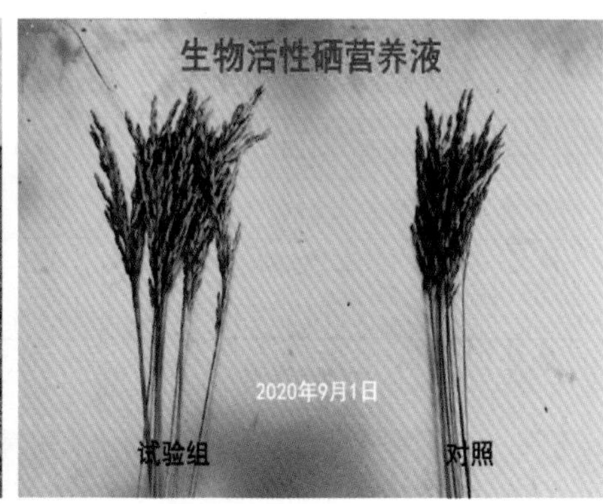

图 6－6　五常市裕民水稻专业合作社大田表现

（三）五常市苗稻源合作社生物活性硒大田应用示范

在五常市苗道源合作社建立水稻生物活性壮苗剂试验示范区，种植品种为“五优稻 4 号（稻花香 2 号）”，在苗床期分别于 1 叶 1 心，2 叶 1 心，3 叶 1 心进行生物活性壮苗剂 50 倍稀释叶面喷施；本田插秧后，在水稻扬花末期进行生物活性硒营养液 300 倍稀释叶面喷施；对照区采取常规管理措施。2020 年 9 月 7 日对示范区进行现场鉴定，处理区水稻抗倒伏明显优于对照区，其长势、丰产性、籽粒成熟度也明显优于对照区（图 6－7）。

图 6－7　五常市苗道源合作社示范区大田表现

（四）五常市互助水稻种植专业合作社生物活性硒大田应用示范

在五常市卫国乡互助水稻种植专业合作社示范田“五优稻 4 号（稻花香 2 号）”开展水稻生物活性硒营养液试验，在苗床期分别于 1 叶 1 心，2 叶 1 心，3 叶 1 心进行生物活性壮苗剂 50 倍稀释叶面喷施；本田插秧后，在水稻扬花末期进行生物活性硒营养液 300 倍稀释叶面喷施；对照区采取常规管理措施。插秧后效果显著（图 6 – 8），生物活性壮苗剂处理后生物量显著高于对照组，然后由于管理不及时，田间发现了严重的草害，水稻长势缓慢，在水稻扬花末期进行生物活性硒营养液 300 倍稀释叶面喷施后，水稻长势逐渐恢复；2021 年 8 月 24 日对示范区进行现场鉴定，处理区水稻长势、抗倒性、籽粒成熟度等田间性状优于对照区（图 6 – 8）。

图 6 – 8　五常市卫国乡互助水稻种植专业合作社大田表现

（五）肇东市稻香水稻种植合作社生物活性硒大田应用示范

在肇东市涝洲镇三星村稻香水稻种植合作社建立生物活性硒营养液示范种植区，种植品种为“松粳 16”，苗床期分别于 1 叶 1 心，2 叶 1 心，3 叶 1 心喷施生物活性壮苗剂 50 倍稀释液，本田插秧后，在水稻扬花末期进行生物活性硒营养液 300 倍稀释叶面喷施；对照区采取常规管理措施。2020 年 8 月 30 日进行现场鉴定，示范区水稻成熟度、丰产性和抗倒伏等性状明显优于对照区（图 6 – 9）。

图 6－9　肇东市涝洲镇三星村稻香水稻种植合作社大田表现

三、水稻壮苗及提质增效营养富硒技术秋季鉴评

（一）五常市营城子乡南土村现场鉴评

2019 年 10 月 17 日，由黑龙江省农业科学院、五常市农业技术推广中心等单位专家组成的专家组，对五常市营城子乡南土村的“水稻壮苗及提质增效富硒技术”示范区进行现场鉴评（图 6－10）。示范区水稻种植面积 100 亩，对照区水稻种植面积 20 亩，水稻品种均为“五优稻 4 号（稻花香 2 号）”；示范区水稻在苗床期分别于 1 叶 1 心，2 叶 1 心，3 叶 1 心进行生物活性壮苗剂 50 倍稀释叶面喷施；本田插秧后，在水稻扬花末期进行生物活性硒营养液 300 倍稀释叶面喷施；对照区采取常规管理措施。

专家组经现场踏查，质询讨论，形成如下鉴评意见：①示范区水稻长势良好，无病害，无倒伏，熟期比对照早 2～3 d。②对示范区和对照区按对角线法取 5 点，每个点取1 m^2，脱谷后称重稻谷重量、含水量、杂质，按 14.5% 的标准含水量折合成亩产量，示范区亩产 479.0 kg，对照区亩产 440.0 kg，增产 8.8%。③鉴于该技术具有促早熟、抗逆、增产的作用，建议加大力度推广应用。

图 6－10　五常市营城子乡南土村水稻壮苗及提质增效富硒技术现场鉴评

（二）五常市民乐乡三家子试验农场现场鉴评

2020 年 9 月 29 日，由黑龙江省农业科学院、东北农业大学、五常市农业技术推广中心等单位专家组成的专家组，对五常市民乐乡三家子试验农场的“水稻壮苗及提质增效富硒技术”示范区进行现场鉴评（图 6－11）。示范区水稻种植面积 15 亩，对照区水稻种植面积 15 亩，水稻品种均为松粳 28；示范区水稻在苗床期分别于 1 叶 1 心，2 叶 1 心，3 叶 1 心进行生物活性壮苗剂 50 倍稀释叶面喷施；本田插秧后，在水稻扬花末期进行生物活性硒营养液 300 倍稀释叶面喷施；对照区采取常规管理措施。

图 6－11　五常市民乐乡三家子试验农场水稻壮苗及提质增效富硒技术现场鉴评

专家组经现场踏查，质询讨论，形成如下鉴评意见：

（1）示范区水稻长势良好，无病害，无倒伏，熟期比对照早 2～3 天。

（2）对示范区和对照区按对角线法取 5 点，每个点取 1 m^2，脱谷后称重稻谷重量、含水量、杂质，按 14.5% 的标准含水量折合成亩产量，示范区亩产 546.9 kg，对照区亩产 504.7 kg，增产 8.3%。

（3）鉴于该技术具有促早熟、抗逆、增产的作用，建议加大力度推广应用。

（三）五常市民乐乡双义村现场鉴评

2021年9月20日，由黑龙江省农业科学院、五常市农业技术推广中心等单位专家组成专家组，对五常市民乐乡双义村由五常市朝乡水稻专业种植合作社实施的黑龙江省农业科学院科技成果转移转化服务平台项目“水稻提质增效营养富硒技术”示范田进行田间鉴评（图6－12）。示范区水稻种植面积500亩，对照区水稻面积30亩，种植品种均为“五优稻4号（稻花香2号）”；示范区水稻在苗床期分别于1叶1心，2叶1心，3叶1心进行生物活性壮苗剂50倍稀释叶面喷施；本田插秧后，在水稻扬花末期进行生物活性硒营养液300倍稀释叶面喷施；对照区常规管理。

图6－12 五常市民乐乡双义村水稻壮苗及提质增效富硒技术现场鉴评

专家组经现场踏查，质询讨论，形成如下鉴评意见：①示范田水稻长势良好，无病害，无倒伏，熟期比对照早2～3 d。②对示范田和对照田各取两点，采用大面积实收的方法进行测产，示范田实收面积998.22 m^2，对照田实收面积871.84 m^2，脱谷后称重稻谷重量、含水量、杂质，示范田平均含水量25.8%，对照田含水量27.6%，均按14.5%安全含水量折合亩产量，示范田亩产632.25 kg，对照田亩产571.40 kg，增产10.65%。③鉴于该技术具有促早熟、抗逆、增产的作用，建议加大力度推广应用。

四、水稻提质增效富硒技术对稻米品质和产量的影响

(一)外观品质

通过对“龙稻 18”进行富硒技术试验，使用生物富硒技术的稻米外观品质达到国际一级稻米标准，评定等级 S 级，籽粒饱满度、透明度、光泽、出米率等较对照比有显著提升，垩白度较对照比有显著降低(图 6－13)。

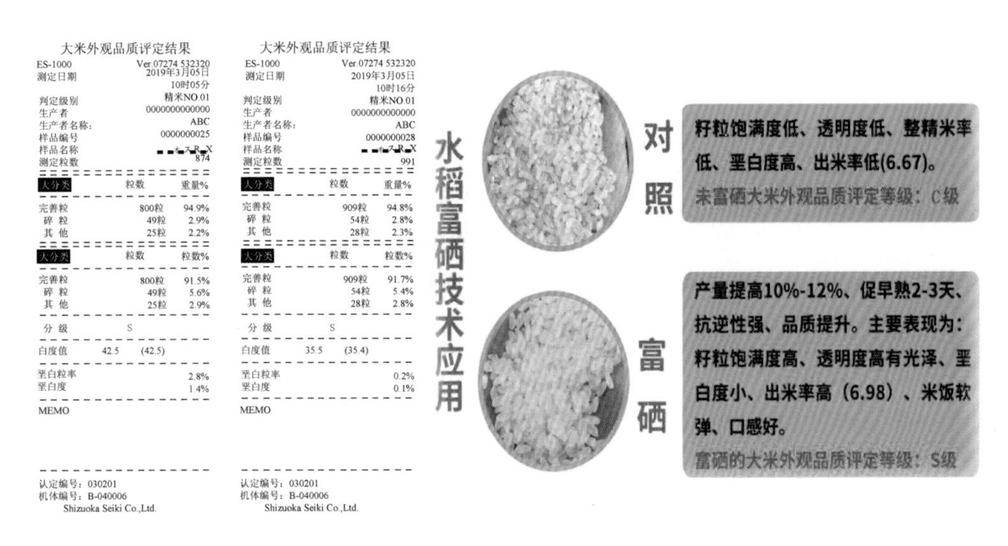

图 6－13　“龙稻 18”外观品质评定

(二)食味品质

如表 6－5 所示，通过 2019 年数据统计，由赵老丫合作社、苗稻源合作社种植的“五优稻 4 号(稻花香 2 号)”水稻使用提质增效富硒技术后，出米率提高 3%，食味评分分别提高 8.3 分、5.8 分，大米硒含量达到 144 μg/kg、240 μg/kg，分别达到国家富硒标准(40 μg/kg)的 3.6 倍、6 倍；由省农科院栽培所种植的“龙稻 18”水稻使用提质增效富硒技术后，食味评分提高 4.9 分，硒含量达到 43.4 μg/kg，达到国家富硒标准(40 μg/kg)；均较对照比在外观品质和食味品质方面提质效果显著。

表 6－5　2019 年水稻富硒技术对食味评分的影响

客户名称	所在地区	品种名称	出米率/%			食味评分			大米硒含量/($\mu g \cdot kg^{-1}$)	
			处理	对照	增值	处理	对照	增值	处理	对照
赵老丫合作社	五常	五优稻 4 号	51	48	3	86.5	78.2	8.3	144	未检出
苗稻源合作社	五常	五优稻 4 号	52	49	3	87.2	81.4	5.8	240	未检出
省农科院栽培所	民主	龙稻 18	–	–	–	74.8	69.9	4.9	43.4	未检出

(三)稻谷产量

由赵老丫合作社、苗稻源合作社、宾县马志种植的“五优稻4号(稻花香2号)”水稻使用提质增效富硒技术后,产量增幅分别达到8.8%、8.2%、6.9%,大米硒含量达到144 μg/kg、240 μg/kg、220 μg/kg,分别达到国家富硒标准(40 μg/kg)的3.6倍、6倍、5.5倍;由省农科院栽培所种植的龙稻18水稻使用提质增效富硒技术后,2019—2020年产量增幅分别达到26.7%、12.2%,大米硒含量达到43.4 μg/kg、150 μg/kg,分别达到国家富硒标准(40 μg/kg)的1倍、3.75倍;由省农科院生物所种植的“松粳28”水稻使用提质增效富硒技术后,产量增幅达到8.3%;均较对照比在产量方面增产效果显著(表6-6)。

表6-6 水稻富硒技术对产量的影响

年度	客户名称	所在地区	品种名称	产量/(kg/亩)		增幅/%	大米硒含量/($\mu g \cdot kg^{-1}$)	
				处理	对照		处理	对照
2019	赵老丫合作社	五常	五优稻4号	479	440	8.8	144	未检出
2019	苗稻源合作社	五常	五优稻4号	491	454	8.2	240	未检出
2019	省农科院栽培所	民主	龙稻18	726.5	573.5	26.7	43.4	未检出
2020	省农科院生物所	五常	松粳28	546.9	504.7	8.3	—	未检出
2020	马志个人	宾县	五优稻4号	526.8	492.7	6.9	220	未检出
2020	省农科院栽培所	民主	龙稻18	602.5	536.9	12.2	150	未检出

第二节 黑龙江省第二积温带粳稻区应用案例

一、水稻苗期应用生物活性壮苗剂效果

(一)牡丹江宁安市煜丰合作社应用生物活性壮苗剂育苗效果

牡丹江宁安市煜丰合作社水稻大棚育苗过程中应用生物活性壮苗剂,并在水稻秧苗移栽前对秧苗素质进行调查。使用生物活性壮苗剂的处理组与对照组相比,其茎基部宽度平均增幅达13.0%;整株鲜重、根鲜重和茎叶鲜重平均增幅分别为24.7%、12.7%和34.7%;整株干重、根干重和茎叶干重平均增幅分别为22.2%、3.7%和34.2%。反映水稻秧苗素质的主要性状指标处理组与对照组相比均有不同程度的增加,表明生物活性壮苗剂水稻苗期的应用效果处理组明显优于对照组(表6-7、图6-14)。

表 6-7　牡丹江宁安市煜丰合作社水稻苗期素质调查(2021 年 5 月 8 日)

样本:稻花香 2 号 (处理对照各三次重复)	茎基部平均宽度/mm	整株鲜重/g	根鲜重/g	茎叶鲜重/g	整株干重/g	根干重/g	茎叶干重/g
壮苗剂处理一(50 株)	2.33	11.79	4.70	7.09	2.31	0.71	1.60
壮苗剂处理二(50 株)	2.37	12.51	5.50	7.01	2.42	0.80	1.62
壮苗剂处理三(50 株)	2.36	11.91	4.70	7.21	2.33	0.73	1.60
对照(CK)一(50 株)	2.04	9.07	4.05	5.02	1.82	0.68	1.14
对照(CK)二(50 株)	2.08	9.79	4.50	5.29	1.88	0.73	1.15
对照(CK)三(50 株)	2.11	10.17	4.67	5.50	2.06	0.76	1.30
壮苗剂处理平均值	2.35	12.07	4.97	7.10	2.35	0.75	1.61
对照(CK)平均值	2.08	9.68	4.41	5.27	1.92	0.72	1.20
增加(增幅)	0.27 (13.0%)	2.39 (24.7%)	0.56 (12.7%)	1.83 (34.7%)	0.43 (22.4%)	0.03 (4.2%)	0.41 (34.2%)

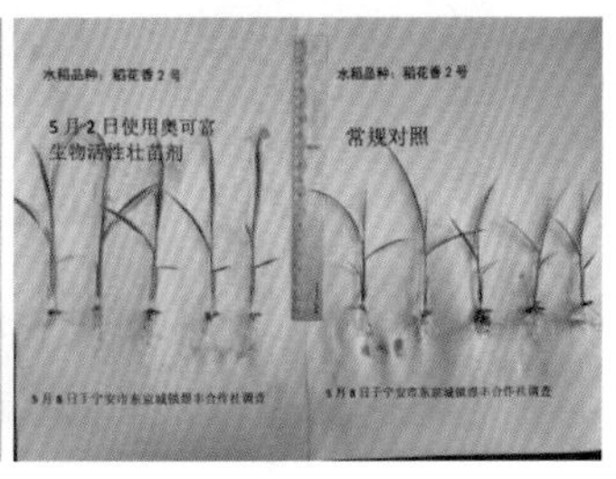

图 6-14　牡丹江宁安市煜丰合作社水稻苗期处理组与对照组秧苗素质对比

(二)牡丹江市西安区海南乡应用生物活性壮苗剂育苗效果

在牡丹江市西安区海南乡开展生物活性壮苗剂育秧实验,以普优稻花香为供试材料,在苗床期分别于 1 叶 1 心,2 叶 1 心,3 叶 1 心进行生物活性壮苗剂 50 倍稀释叶面喷施,对照组(CK)不喷施,在移栽前对水稻秧苗素质和插秧后田间表现进行调查。使用生物活性壮苗剂的处理组与对照组相比,其株高、茎基部宽度、根系长度及根系生长量等相关指标明显优于对照组(图 6-15),移栽后处理组表现出返青快,秧苗综合素质明显优于对照组。

图 6-15　牡丹江市西安区海南乡水稻苗期处理组与对照组秧苗素质对比

（三）兰西县兰河乡红卫村应用生物活性壮苗剂育苗效果

在兰西县兰河乡红卫村开展生物活性壮苗剂育秧实验，以“龙稻 18”为材料，在苗床期分别于 1 叶 1 心，2 叶 1 心，3 叶 1 心进行生物活性壮苗剂 50 倍稀释叶面喷施，对照（CK）不喷施，在移栽前对水稻秧苗素质和插秧后田间表现进行调查。使用生物活性壮苗剂的处理组与对照组相比，其株高、茎基部宽度、根系长势等相关指标明显优于对照组（图 6－16），移栽后处理组表现出返青快，秧苗综合素质明显优于对照组。

图 6－16　兰西县兰河乡红卫村水稻苗期处理组与对照组秧苗素质对比

二、生物活性硒营养液在大田的应用效果

（一）牡丹江宁安市渤海镇沿江石米业生物活性硒大田应用示范

在牡丹江宁安市渤海镇沿江石米业种植基地建立生物活性硒营养液示范种植区，种植品种为“五优稻4号（稻花香2号）”，苗床期分别于1叶1心，2叶1心，3叶1心喷施生物活性壮苗剂50倍稀释液，本田插秧后，在水稻扬花末期进行生物活性硒营养液300倍稀释叶面喷施；对照区采取常规管理措施。2020年8月26日对试验示范区进行现场鉴定，示范区水稻籽粒成熟度（促早熟）、丰产性和抗倒伏等性状明显优于对照区（图6－17）。

图6－17　牡丹江宁安市渤海镇沿江石米业示范区大田表现

（二）牡丹江宁安市江南乡明星村生物活性硒大田应用示范

在牡丹江宁安市江南乡明星村建立水稻生物活性壮苗剂试验示范区，种植品种为“龙洋16”。其中，示范区水稻在苗床期分别于1叶1心，2叶1心，3叶1心进行生物活性壮苗剂50倍稀释叶面喷施；本田插秧后，在水稻扬花末期进行生物活性硒营养液300倍稀释叶面喷施；对照区采取常规管理措施。2020年9月19日对试验示范区进行现场鉴定，示范区水稻籽粒成熟度（促早熟）、丰产性及抗倒伏等性状明显优于对照区（图6－18）。

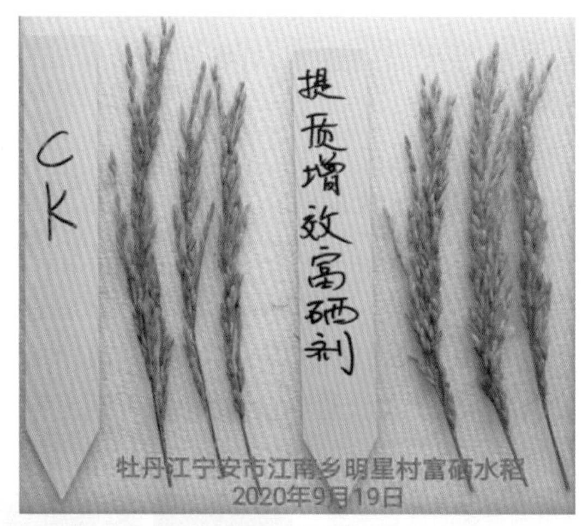

图 6-18　牡丹江宁安市江南乡明星村示范区大田表现

(三)牡丹江市西安区海南乡生物活性硒大田应用示范

在牡丹江市西安区海南乡建立水稻生物活性壮苗剂试验示范区,品种为普优稻花香。其中,示范区水稻在苗床期分别于 1 叶 1 心,2 叶 1 心,3 叶 1 心进行生物活性壮苗剂 50 倍稀释叶面喷施;本田插秧后,在水稻扬花末期进行生物活性硒营养液 300 倍稀释叶面喷施;对照区采取常规管理措施。插秧后试验组水稻生长表现为早生快发,水稻长势及秧苗综合素质明显优于对照组,生物活性壮苗剂处理后生物量显著高于对照组(图 6-19)。2021 年 9 月 1 日对示范区进行现场鉴定,处理区抗倒性、籽粒成熟度(促早熟)等田间性状优于对照区。

图 6-19　牡丹江市西安区海南乡示范区大田表现

（四）牡丹江宁安市东京城镇红兴村生物活性硒大田应用示范

在牡丹江宁安市东京城镇红兴村建立水稻生物活性壮苗剂试验示范区，种植品种为“五优稻 4 号（稻花香 2 号）”。其中，示范区水稻在苗床期分别于 1 叶 1 心，2 叶 1 心，3 叶 1 心进行生物活性壮苗剂 50 倍稀释叶面喷施；本田插秧后，在水稻扬花末期进行生物活性硒营养液 300 倍稀释叶面喷施；对照区采取常规管理措施。2021 年 8 月 27 日对试验示范区进行现场鉴定，示范区水稻籽粒成熟度（促早熟）、丰产性及抗倒伏等性状明显优于对照区（图 6-20）。

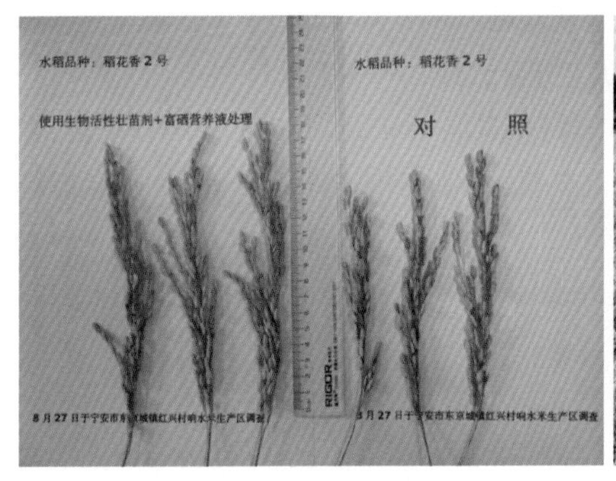

图 6-20　牡丹江宁安市东京城镇红兴村示范区大田表现

三、水稻壮苗及提质增效富硒技术秋季鉴评

(一)牡丹江宁安市江南乡明星村现场鉴评

2020 年 10 月 3 日,由黑龙江省农业科学院、宁安市农业技术推广中心等单位专家组成的专家组,对牡丹江宁安市江南乡明星村的“水稻壮苗及提质增效营养富硒技术”示范区进行现场鉴评(图 6 - 21)。示范区水稻种植面积 30 亩,对照区水稻种植面积 30 亩,水稻品种均为“龙洋 16”;示范区水稻在苗床期分别于 1 叶 1 心,2 叶 1 心,3 叶 1 心进行生物活性壮苗剂 50 倍稀释叶面喷施;本田插秧后,在水稻扬花末期进行生物活性硒营养液 300 倍稀释叶面喷施;对照区采取常规管理措施。

图 6 - 21 牡丹江宁安市江南乡明星村水稻壮苗及提质增效富硒技术现场鉴评

专家组经现场踏查,质询讨论,形成如下鉴评意见:

(1)示范区水稻长势良好,无病害,无倒伏,熟期比对照早 2 ~ 3 d。

(2)对示范区和对照区按对角线法取 5 点,每个点取 1 m^2,脱谷后称重稻谷重量、含水量、杂质,按 14.5% 的标准含水量折合成亩产量,示范区亩产 616.3 kg,对照区亩产 538.4 kg,增产 14.5%。

(3)鉴于该技术具有促早熟、抗逆、增产、改善品质和增加功能的作用,建议加大力度推广应用。

(二)青冈县兴华镇通泉村现场鉴评

2020 年 10 月 11 日,由黑龙江省农业科学院、东北农业大学和青冈县农技推广中心等单位专家组成专家组,对青冈县兴华镇通泉村的“水稻壮苗及提质增效营养富硒技术”示范区进行现场鉴评(图 6 - 22)。示范区水稻种植面积 30 亩,对照区水稻面积 30 亩,种植品种均为“绥粳 27”和“盛誉一号”混种;示范区水稻在苗床期分别于 1 叶 1 心,2 叶 1 心,3 叶 1 心进行生物活性壮苗剂 50 倍稀释叶面喷施;本田插秧后,在水稻扬花末期进行生

物活性硒营养液300倍稀释叶面喷施;对照区常规管理。

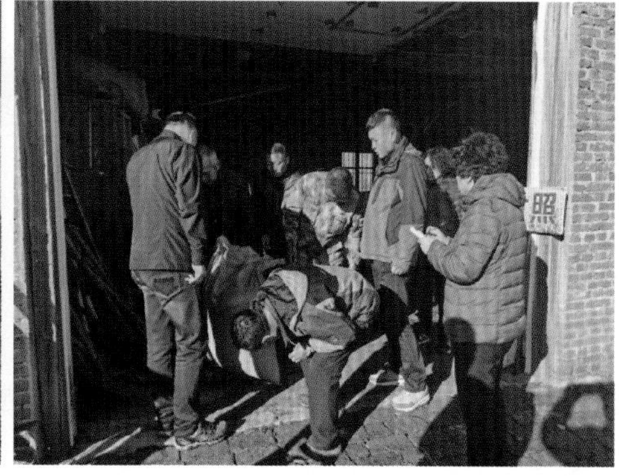

图6－22　青冈县兴华镇通泉村水稻壮苗及提质增效富硒技术现场鉴评

专家组经现场踏查,质询讨论,形成如下鉴评意见:

(1)示范区水稻长势良好,无病害发生,无倒伏,熟期比对照早3～4 d。

(2)对示范区和对照区采取机收,示范区机收面积0.89亩,对照区机收面积1.46亩,脱谷后称重稻谷重量、含水量、杂质、按14.5%的含水量折合亩产量,示范区亩产549.09 kg,对照区亩产511.80 kg,增产7.29%。

(三)兰西县兰河乡红卫村现场鉴评

2021年9月20日,受黑龙江省科技厅委托,由黑龙江省农业科学院、兰西县农业技术推广中心等单位的相关专家组成专家组,对兰西县兰河乡红卫村鑫拓水稻种植专业合作社进行现场田间鉴评(图6－23)。示范田水稻面积3 000亩,对照田水稻面积500亩,种植品种均为“龙稻18”;播种时间4月8日,移栽插秧时间5月17日—5月24日,本田插秧后,于7月4日喷施生物活性增效剂1 000 mL/hm^2,于8月6日水稻扬花末期喷施生物活性硒营养液1 000 mL/hm^2;示范田和对照田的整地、施肥、灌溉、综合防治等技术措施均一致。

专家组现场向种植农户调查种植基本情况,质询讨论,形成如下鉴评意见:

(1)示范田水稻长势良好,无病害发生,无倒伏,熟期比对照早3～4 d。

(2)对示范田和对照田各取两点,采用大面积实收的方法进行测产,示范田实收面积953.20 m^2,对照田实收面积951.75 m^2,脱谷后称重稻谷重量、含水量、杂质,示范田平均含水量22.4%,对照田平均含水量26.8%,均按照14.5%安全含水量折合成亩产量,示范田亩产为645.50 kg,对照田亩产为576.87 kg,增产11.90%。

(3)鉴于该技术具有促早熟、抗逆、增产的作用,建议加大力度推广应用。

图 6－23　兰西县兰河乡红卫村水稻壮苗及提质增效富硒技术现场鉴评

（四）宁安市东京城镇红兴村现场鉴评

2021 年 10 月 13 日，受黑龙江省科技厅委托，由黑龙江省农业科学院、牡丹江市农业技术推广总站等单位的专家组成专家组，对位于宁安市东京城镇响水米生产区红兴村煜丰农民专业合作社进行现场田间鉴评（图 6－24、图 6－25）。示范田水稻 1 000 亩，对照田水稻 200 亩，水稻品种均为“稻花香 2 号”；示范田水稻在苗床期进行生物活性壮苗剂 50 倍稀释后叶面喷施；水稻孕穗期喷施生物活性硒营养液 1 000 mg/hm^2，水稻扬花末期喷施生物活性硒营养液1 000 mg/hm^2；示范田和对照田的整地、施肥、灌溉、综合防治等技术措施均一致。

图 6－24　宁安市东京城镇红兴村水稻壮苗及提质增效富硒技术现场鉴评

图 6-25　牡丹江市《直播 60 分》电视栏目现场跟踪报道

专家组经现场踏查，质询讨论，形成如下鉴评意见：

(1)示范田水稻长势良好，无病害，无倒伏，熟期比对照早 2～3 d。

(2)对示范田和对照田采用大面积实收的方法进行测产，示范田实收面积1 098.54 m^2，对照田实收面积 975.68 m^2，脱谷后称重稻谷重量、含水量、杂质，示范田平均含水量 14.53%，对照田含水量 14.8%，均按 14.5% 安全含水量折合亩产量，示范田亩产 503.98 kg，对照田亩产 445.83 kg，增产 13.04%。

(3)鉴于该技术具有壮苗、促早熟、抗逆、增产以及综合抗性强等作用，建议加大力度推广应用，有利于实现农民提质增效和节本增效的目标，具有良好的经济效益、社会效益、经济效益和生态效益。

第三节　黑龙江省第三、四积温带水稻提质增效富硒技术应用案例

一、水稻生物活性壮苗剂应用案例

(一)水稻生物活性壮苗剂的概念

水稻生物活性壮苗剂是以生物活性物质为核心，同时聚合多元生物有机酸、氨基酸、各种微量元素组成的水稻壮苗营养液；能促进秧苗根系有机酸的分泌，在根系周边形成微酸环境，保持秧苗循环体系的畅通，明显增强秧苗吸收养分的能力；使用后稻苗叶色浓绿，根系发达，抗病性增强，茎基部扁平，苗齐苗绿，根长白根多，提高秧苗综合素质；插秧后扎根快，返青快，能促进有效分蘖，为增产增收奠定基础。

(二)水稻生物活性壮苗剂的使用方法

在苗床期分别于 1 叶 1 心，2 叶 1 心，3 叶 1 心进行生物活性壮苗剂 50 倍稀释叶面喷施，无须洗苗。

(三)水稻苗期表现

通过对秧苗素质进行调查,使用生物活性壮苗剂的处理组与对照组相比,茎基部宽度、叶片宽度、整株干鲜重、茎叶、根干鲜重都有不同程度增加,使用生活性壮苗剂的秧苗素质明显优于对照组。

(1)黑龙江省农业科学院水稻研究所生物活性壮苗剂育苗效果

供试水稻品种为“龙粳31”,主茎11片叶;“龙粳1755”,主茎12片叶。试验采取大区对比试验,处理在苗床期分别于1叶1心,2叶1心,3叶1心进行生物活性壮苗剂50倍稀释叶面喷施。与对照相比,使用生物活性壮苗剂的秧苗在叶龄、株高、叶长、根长和植株干物质重等指标上均有不同程度的提高。“龙粳31”秧苗表现如下:施用生物活性壮苗剂的1叶长、1叶宽、2叶长、1鞘长和最长根根长等指标较对照略有增加,但差异不显著;株高、10株茎基宽、2叶宽、3叶宽、2-3叶间鞘长和10株地上干物质重等指标均极显著优于对照;3叶长和1-2叶间鞘长显著高于对照。

“龙粳1755”秧苗表现:施用生物活性壮苗剂的处理叶龄、1叶宽、2叶长、2叶宽、3叶宽、1鞘长、1-2叶间鞘长、2-3叶间鞘长、最长根根长和10株根干物质重等指标较对照略有增加,但差异不显著;株高、10株茎基宽、3叶长和10株地上干物质重等指标均极显著优于对照;带蘖数量和1叶长显著高于对照。

从本试验可看出,生物活性壮苗剂能有效提高水稻秧苗素质,特别是能提高秧苗的生长量,促进秧苗生长,干物质分别增加15%和33%(表6-8、表6-9、图6-26、图6-27)。

表6-8 黑龙江省农业科学科院水稻研究所“龙粳31”“龙粳1755”苗期素质调查(2020年5月3日)

试验品种	处理	1鞘长/cm	1-2叶间鞘长/cm	2-3叶间鞘长/cm	最长根根长/cm	10株地上部干物重/g	10株根干物重/g
龙粳31	壮秧增效剂	2.91	2.28	3.57	4.17	0.29	0.09
	对照	2.71	1.86	2.65	3.95	0.24	0.09
龙粳1755	壮秧增效剂	3.90	1.36	0.64	6.12	0.52	0.12
	对照	3.65	1.16	0.63	6.09	0.37	0.11

表6-9 黑龙江省农业科学科院水稻研究所“龙粳31”“龙粳1755”苗期素质调查(2020年5月3日)

试验品种	处理	叶龄叶	带蘖数量(个/株)	株高/cm	10株茎基宽/cm	1叶长/cm	1叶宽/cm	2叶长/cm	2叶宽/cm	3叶长/cm	3叶宽/cm
龙粳31	壮秧增效剂	3.32	0	18.30	2.93	1.70	0.23	5.73	0.35	9.35	0.41
	对照	3.24	0	14.98	2.47	1.63	0.19	5.12	0.31	7.84	0.36
龙粳1755	壮秧增效剂	3.37	0.43	17.22	4.10	2.80	0.29	8.64	0.39	11.67	0.52
	对照	3.19	0.07	16.23	3.17	2.47	0.28	8.46	0.37	10.78	0.48

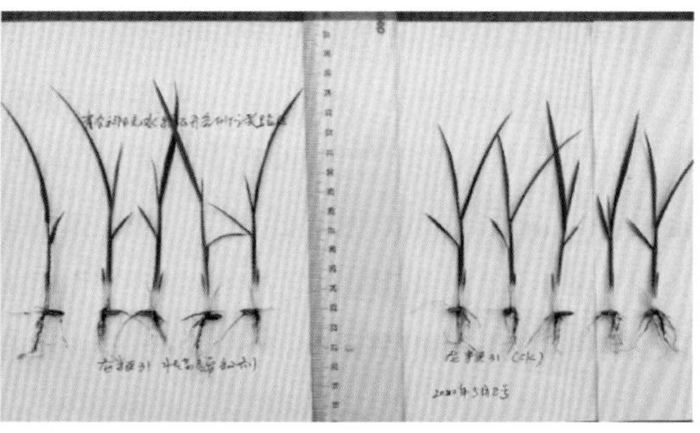

图 6－26　黑龙江省农业科学科院水稻研究所“龙粳 31”处理组与对照组苗床及插秧后秧苗对比

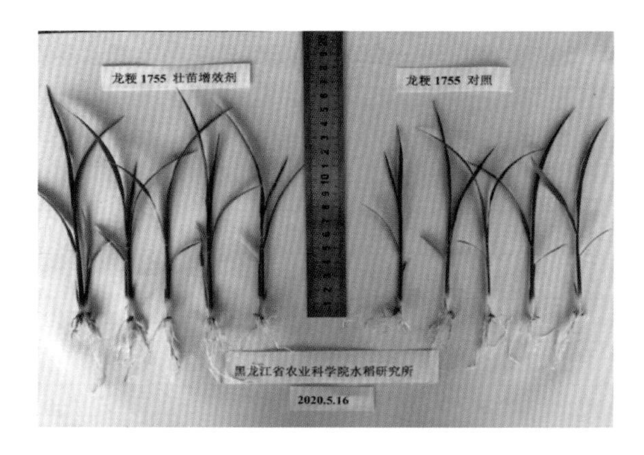

图 6－27　黑龙江省农业科学科院水稻研究所“龙粳 1755”处理组与对照组插秧后秧苗对比

（2）佳木斯富锦市长安镇长安村生物活性壮苗剂育苗效果

供试水稻品种为“龙粳 1525”，主茎 11 片叶。试验采取大区对比试验，在苗床期分别于 1 叶 1 心，2 叶 1 心，3 叶 1 心进行生物活性壮苗剂 50 倍稀释叶面喷施，对照（CK）清水，移栽前对水稻秧苗素质表型进行调查。使用生物活性壮苗剂的处理组与对照组相比，“龙粳 1525”茎基部宽度、四叶宽和三叶宽增幅分别为 3.7%、8.4% 和 5.4%；整株鲜重、根鲜重和茎叶鲜重增幅分别为 13.9%、5.7% 和 15.4%；整株干重、根干重和茎叶干重增幅分别为 10.6%、2.8% 和 9.7%。上述结果表明生物活性壮苗剂水稻苗期的应用效果处理组明显优于对照组（表 6－10）。

表 6－10　佳木斯富锦市长安镇长安村“龙粳 1525”苗期素质调查（2020 年 5 月 6 日）

	茎基部宽/mm	四叶宽/mm	三叶宽/mm	整株鲜重/g	根鲜重/g	茎叶鲜重/g	整株干重/g	根干重/g	茎叶干重/g
壮苗剂处理（50 株）	3.07	4.91	3.71	25.31	6.27	18.96	5.23	1.11	4.20
对照（CK）（50 株）	2.96	4.53	3.52	22.22	5.93	16.43	4.73	1.08	3.83
增幅/%	3.70	8.40	5.40	13.90	5.70	15.40	10.60	2.80	9.70

(3)北大荒农业股份有限公司七星分公司科技园区生物活性壮苗剂育苗效果

供试水稻品种为“垦稻26”,主茎11片叶。在苗床期分别于1叶1心,2叶1心,3叶1心进行生物活性壮苗剂50倍稀释叶面喷施,对照(CK)清水,分别在移栽前对水稻秧苗素质和插秧后田间表型进行调查。使用生物活性壮苗剂的处理组与对照组相比,“垦稻26茎”基部宽度平均增幅达8.98%;整株鲜重、根鲜重和茎叶鲜重平均增幅分别为20.29%、5.00%和33.46%;整株干重、根干重和茎叶干重平均增幅分别为11.92%、5.24%和15.48%。上述结果表明生物活性壮苗剂水稻苗期的应用效果处理组明显优于对照组(表6-11)。

表6-11 北大荒农业股份有限公司七星分公司科技园区垦稻26苗期素质调查(2021年5月2日)

品种:垦稻26(处理对照各三次重复)	茎基部平均宽度/mm	整株鲜重/g	根鲜重/g	茎叶鲜重/g	整株干重/g	根干重/g	茎叶干重/g
壮苗剂处理一(50株)	2.31	11.79	4.6	7.19	2.28	0.73	1.55
壮苗剂处理二(50株)	2.35	12.21	5.1	7.11	2.16	0.74	1.42
壮苗剂处理三(50株)	2.26	11.92	4.80	7.12	2.32	0.74	1.58
对照(CK)一(50株)	2.14	10.06	4.65	5.41	2.03	0.69	1.34
对照(CK)二(50株)	2.14	9.66	4.47	5.19	2	0.71	1.29
对照(CK)三(50株)	2.07	10.14	4.69	5.45	2.01	0.70	1.31
壮苗剂处理平均值	2.31	11.97	4.83	7.14	2.25	0.74	1.52
对照(CK)平均值	2.12	9.95	4.60	5.35	2.01	0.70	1.31
增加(增幅)	0.19 (8.96%)	2.02 (20.30%)	0.23 (5.00%)	1.79 (33.46%)	0.24 (11.94%)	0.04 (5.71%)	0.21 (16.03%)

二、生物活性硒营养液在水稻上的应用效果

(一)黑龙江省农业科学院水稻研究所生物活性硒大田应用示范

供试水稻品种为“龙粳31”,主茎11片叶。在前期应用生物活性壮苗剂处理的基础上,本田插秧后,在水稻扬花末期进行生物活性硒营养液300倍稀释叶面喷施;对照区采取常规管理措施。插秧后效果显著(图6-28),生物活性壮苗剂处理后生物量显著高于对照组,然后由于管理不及时,田间发现了严重的草害,水稻长势缓慢,在水稻扬花末期进行生物活性硒营养液300倍稀释叶面喷施后,水稻长势逐渐恢复。通过田间调查成熟期可知,处理成熟期9月16日,对照成熟期9月18日,喷施营养液较未喷施成熟期提早2 d;通过表6-12所示室内考种及测产可知,喷施生物活性硒营养液的处理比对照在有效穗、穗粒数、结实率、千粒重方面都有很大提高。处理有效穗为每平方米430.1个,比对照多4.5个,每穗实粒数为98.0粒/穗,比对照多5.8粒/穗,结实率为90.2%,比对照高出

4.3%，千粒重为25.8 g，比对照高出0.4 g。处理产量较对照产量提高主要因素是由于有效穗数、结实率及千粒重的提高，达到了增产的效果。喷施生物活性硒营养液的处理产量为616.2 kg/亩，比对照增加51.5 kg/亩，增产率9.1%（表6-12），上述结果说明生物活性硒营养液处理后产量性状也明显优于对照组。

图6-28　2020年黑龙江省农业科学科院水稻研究所示范区大田表现

表6-12　2020年黑龙江省农业科学科院水稻研究所水稻考种数据

项目	有效穗/（个/m^2）	穗粒数/（粒/穗）	实粒数/（粒/穗）	结实率/%	千粒重/g	产量/（kg/亩）
对照	425.6	107.3	92.2	85.9	25.4	564.7
处理	430.1	108.7	98.0	90.2	25.8	616.2
增加（增幅）	4.5（1.06%）	1.4（1.30%）	5.8（6.29%）	4.3（5.01%）	0.4（1.57%）	51.5（9.12%）

（二）佳木斯富锦市长安镇长安村生物活性硒大田应用示范

供试水稻品种为“龙粳1525”，主茎11片叶。试验采取大区对比试验，处理1为生物活性硒处理，处理2为对照。其余田间管理与常规种植相同。2020年9月6日对示范区进行现场鉴定，处理区水稻长势、抗倒性、籽粒成熟度等田间性状均优于对照区（图6-29）。9月18日进行产量、有效穗数、千粒重及穗实粒数的测定，调查随机取5点，每点10 m^2。

图 6－29　佳木斯富锦市长安镇长安村示范区表现

由表6－13 可以看出，处理1（生物活性硒）的产量最高，达到了8 900 kg/hm^2，显著高于对照处理，增产率为9.48%；由6－14 可以看出处理1（生物活性硒）的穗实粒数最高，达到86.67 粒/穗，显著高于对照处理；从表6－15、表6－16 可以看出处理1（生物活性硒）的亩有效穗数和千粒重均高于对照，上述结果说明生物活性硒营养液处理后对水稻的千粒重、穗实粒数均有一定促进作用。

表 6－13　2020 年佳木斯富锦市长安镇长安村施用生物活性硒对水稻产量的影响

处理	点次/（kg·10 m^{-2}）					平均值	折合公顷产量	差异显著性		增产率
	1	2	3	4	5	/（kg·10 m^{-2}）	/kg	0.05	0.01	/%
处理 1（生物活性硒）	8.55	9.27	8.35	9.31	9.02	8.90	8 900.00	a	A	9.48
处理 2（对照）	8.39	8.21	7.85	8.37	7.83	8.13	8 130.00	b	A	—

表 6－14　2020 年佳木斯富锦市长安镇长安村施用生物活性硒对水稻穗实粒数的影响

处理	点次/（粒/穗）					平均值	差异显著性	
	1	2	3	4	5	/（粒/穗）	0.05	0.01
处理 1（生物活性硒）	86.68	86.60	89.00	85.40	85.65	86.67	a	A
处理 2（对照）	85.80	82.58	83.55	82.45	83.24	83.52	b	A

表 6－15　2020 年佳木斯富锦市长安镇长安村施用生物活性硒对水稻亩有效穗数的影响

处理	点次/（粒/穗）					平均值	差异显著性	
	1	2	3	4	5	/（粒/穗）	0.05	0.01
处理 1（生物活性硒）	263 541	278 545	286 547	274 586	278 965	276 436.80	a	A
处理 2（对照）	268 745	274 125	283 540	287 456	269 874	276 748.00	a	A

表 6－16　2020 年佳木斯富锦市长安镇长安村施用生物活性硒对水稻千粒重的影响

处理	点次/(粒/穗)					平均值/(粒/穗)	差异显著性	
	1	2	3	4	5		0.05	0.01
处理 1（生物活性硒）	26.80	27.20	28.20	27.10	26.20	27.10	a	A
处理 2（对照）	24.80	26.00	26.20	25.22	26.40	25.58	b	A

（三）北大荒农业股份有限公司七星分公司科技园区生物活性硒大田应用示范

供试水稻品种为“垦稻 26”，主茎 11 片叶。在水稻扬花末期进行生物活性硒营养液 300 倍稀释叶面喷施；对照(CK)不喷施叶面肥。2021 年 8 月 28 日对示范区进行现场鉴定，处理区水稻长势、抗倒性、籽粒成熟度等田间性状均优于对照区(图 6－30)。

图 6－30　北大荒农业股份有限公司七星分公司科技园区示范区表现

三、水稻生物活性壮苗剂及提质增效富硒技术秋季鉴评

（一）佳木斯富锦市长安镇长安村现场鉴评

2020 年 9 月 30 日，由黑龙江省农业科学院、黑龙江省农垦科学院、佳木斯市农业技术推广总站等单位专家组成专家组，对佳木斯市富锦市长安镇长安村的“提质增效营养富硒技术”示范区进行现场评价(图 6－31)。种植示范水稻面积 25 亩，对照区水稻面积25 亩，种植品种均为“龙粳 1525”；示范区水稻在苗床期分别于 1 叶 1 心，2 叶 1 心，3 叶 1 心进行生物活性壮苗剂 50 倍稀释叶面喷施；示范区本田机械插秧后，在水稻扬花末期进行生物活性硒营养液 300 倍稀释叶面喷施；示范区、对照区施肥等田间管理一致。

图 6－31 佳木斯富锦市长安镇长安村水稻壮苗及提质增效富硒技术现场鉴评

专家组经现场踏查，听取了负责人现场汇报，并进行了质询，形成如下鉴评意见：

（1）示范区水稻长势良好，无病害发生，无倒伏，成熟度好；对照区有零星穗颈瘟发生，有部分倒伏现象；示范区成熟期较对照区早 2～3 d。

（2）对示范区及对照区各随机选定 5 点，每点 2 m^2，现场脱粒，现场称重，经测水、扣杂获得含标准水分（14.5%）质量，示范区平均产量为 582.9 kg/亩，同片地块对照区平均产量为 547.12 kg/亩，示范区比同片地块对照测产亩增产 35.78 kg，增产 6.54%。

（3）该项技术具有促早熟、抗逆、增产的作用，建议加大该项技术推广应用。

（二）黑龙江省农业科学院水稻研究所现场鉴评

2020 年 9 月 30 日，由黑龙江省农业科学院、黑龙江省农垦科学院、佳木斯市农业技术推广总站等单位专家组成专家组，对黑龙江省农业科学院水稻研究所的“提质增效营养富硒技术”示范区进行现场评价（图 6－32）。种植示范水稻面积 100 亩，对照区水稻面积 20 亩，种植品种均为“龙粳 31”；示范区水稻在苗床期分别于 1 叶 1 心、2 叶 1 心、3 叶 1 心进行生物活性壮苗剂 50 倍稀释叶面喷施；示范区本田机械插秧后，在水稻扬花末期进行生物活性硒营养液 300 倍稀释叶面喷施；示范区、对照区施肥等田间管理一致。

专家组经现场踏查，听取了负责人现场汇报，并进行了质询，形成如下鉴评意见：

（1）示范区水稻成熟期较对照提早 2 d，植株不早衰，抗倒伏性增强。

（2）示范区水稻有效穗、结实率及千粒重均有所提高，达到增产的效果，产量为 616.2 kg/亩，比对照增加 51.5 kg/亩，增产率 9.1%。亩增直接经济效益为 97.9 元，效益显著。

（3）该项技术具有促早熟、抗逆、增产的作用，建议加大该项技术推广应用。

图 6－32　黑龙江省农业科学科院水稻研究所水稻壮苗及提质增效富硒技术现场鉴评

（三）北大荒农业股份有限公司七星分公司科技园现场鉴评

2021 年 9 月 20 日，由黑龙江省农业科学院、黑龙江省农垦科学院、佳木斯市农业技术推广总站等单位专家组成专家组对北大荒农业股份有限公司七星分公司科技园区的“提质增效营养富硒技术”示范区进行现场鉴评（图 6－33）。示范区水稻种植面积 55 亩，对照区水稻种植面积 15 亩，水稻品种均为“垦稻 26”；示范区水稻在苗床期分别于 1 叶 1 心、2 叶 1 心、3 叶 1 心进行生物活性壮苗剂 50 倍稀释叶面喷施；本田插秧后，在水稻扬花末期进行生物活性硒营养液 300 倍稀释叶面喷施；对照区采取常规管理措施。

图 6－33　北大荒农业股份有限公司七星分公司科技园水稻壮苗及提质增效营养富硒技术现场鉴评

专家组经现场踏查，听取了负责人现场汇报，并进行了质询，形成如下鉴评意见：

（1）示范区水稻长势良好，无病害，无倒伏，熟期比对照早 2～3 d。

（2）对示范区和对照区按对角线法取 5 点，每个点取 1 m^2，脱谷后称稻谷重量、含水量、杂质，按 14.5% 的标准含水量折合成亩产量，示范区亩产 536.9 kg，对照区亩产 500.9 kg，增产 7.2%。

（3）该项技术具促早熟、抗逆、增产的作用，建议加大该项技术推广应用。

第七章　展　　望

第一节　国际与国内的水稻发展概况

民以食为天，大米是人类的主食之一，全球有50%以上的人口以大米为主食，中国约有60%的人口以大米为主食。因此，发展优质高效的功能水稻是当前全世界的热点话题。而全球水稻的生产主要来自亚洲，主要分布于东亚、东南亚和南亚的季风区以及东南亚的热带雨林气候区。排行前十位的国家分别是：中国、印度、印度尼西亚、孟加拉、越南、泰国、缅甸、菲律宾、日本、巴西。由此可见，亚洲水稻对全球粮食安全具有十分重要的意义。

我国是稻作历史最悠久、水稻遗传资源最丰富的国家之一，中国的稻作栽培至少已有7 000年的历史。我国在矮化育种、杂种优势利用的杂交水稻、超级稻育种、水稻生物技术研究等方面，均走在世界的前列。新中国成立多年来，水稻科研与生产发展非常迅速，取得了举世瞩目的巨大成就，中国成为世界上最大水稻生产国与稻米消费国。鉴于我国基本国情，农业部门一直致力于提高水稻产量，重点解决粮食安全与温饱问题，但是我国在优质稻研发与生产方面落后于东南亚等国家。至2021年，我国已全面建成小康社会，温饱问题得以解决，消费者逐渐从“吃得饱”向“吃得好、吃的健康”发生转变，国家层面也提出以农业供给侧结构性改革为重点的一系列发展新要求，普通稻米已不能满足人民日益增长的对优质、功能性食物的需要，因此，要大力发展功能（富硒）稻米、优质稻米，促进农民增收、企业增效、人民增寿、政府增税，助力乡村振兴。

一、优质稻米发展差异显著

虽然我国稻作历史悠久，形成了独具规模的种植体系，部分种植技术名列前茅，但相比国际上稻米发达国家尚有较大差距，尤其是在功能性稻米方面发展滞后。同为亚洲国家的泰国享有“东南亚粮仓”和“世界米仓”的美名，是亚洲唯一的粮食净出口国和世界主要粮食出口国之一。泰国的稻田共计1 078万km^2，约占泰国土地总面积的1/5，占全国耕地总面积的1/2；从事水稻生产的农户400万户，占农业总人口的3/4，稻米年产量3 000万t。占全球稻米总产量的7%～9%；年出口量为700万～1 000万吨，占世界稻米贸易总量的25%～35%，是世界第一大稻米出口国。泰国大米种植有5 500年历史，但出口大米历史不过百年,在短短几十年内便成为世界米市无可匹敌的霸主。日本稻米发展态势迅猛,近年来“越光米”的威名响彻全球,通过育种、栽培等先进技术支持,不断优化水稻种植方式,大力宣传自身优势,发挥品牌效应,在世界范围深受好评。美国水稻面积111 万 km^2,平均产量 7.7 t/hm^2。美国水稻生产具有大面积、高成本、高产量、高补贴、高出口的特点。美国水稻种植人员少,户均生产面积大,平均每个农场 167.7 hm^2;水稻生产成本达 981 美元/公顷(2006 年);机械化程度高,劳动生产效率高,水稻产量高;政府补贴占农户收入的 28% ~60%;一半稻米供出口。诸多案例表明,发展优质、功能性稻米是当前推动黑龙江省、我国进一步发展的重要手段。

二、发展功能性(富硒)稻米产业存在的问题

一是缺乏政策引导与支持,引导推动力度有待增强。我国富硒产业发展缓慢,仅有少数条件充足的地区处于起步阶段,规模性不足,缺乏国家和省级层面的政策引导和支持等顶层设计。在发展战略、规划、技术、机制等重大共性方面的问题缺乏科学的指引。

二是富硒产品加工业薄弱,产业竞争力有待提升。富硒稻米产业基础薄弱,仅有少数几家企业且停留在初级加工上,精加工、高附加值的富硒产品少。有规模、有实力、有影响力的富硒龙头企业更是缺乏。

三是科技支撑体系薄弱,科技引领作用有待强化。国家和省级层面缺少富硒产业科技创新平台,受到科技人才缺乏、研究经费不足等因素的制约,富硒产品精深加工不足的问题亟待突破。

四是缺乏行业标准和质量认定,监管与保障体系有待完善。首先行业标准不健全。只有富硒水稻国家标准,没有针对不同积温带的稻米制定不同的标准,品质参差不齐,需要填补这方面的空白。目前富硒产品没有权威部门的质量认定和统一标识,市场规范和监管难度较大。

五是消费者对硒的认知不足,科普宣传力度有待加强。当前我国关于硒的科普不够全面,普通消费者对硒的科学认知不到位,甚至未接触过相关知识和产品,而一些不负责任商家肆意夸大宣传硒产品的功能,又对消费者产生较大的误导作用。

第二节 未来发展方向

一要强化组织领导。需要国家层面的组织领导,出台相关政策,支持优质、功能性稻米生产,不单在国内扩大市场份额,还要抢占国际稻米市场,形成稻米良性循环发展。

二要做好顶层设计。制定富硒稻米发展规划,出台富硒稻米产业发展扶持与引导政策,包括财政、金融、土地、税收、乡村振兴等方面的支持政策,把已有的现代农业、绿色农业、特色农业、乡村振兴等支持政策与富硒稻米产业挂钩,大力推动稻米产业发展。

三要建立标准体系。依托科技人才和技术优势,搭建科技创新平台,完善富硒稻米产业的标准化体系,建立富硒稻米产业行业标准及市场准入标准,加强市场规范和质量监管,促进产学研融合发展。

四要推动产业升级。以科技为支撑,帮助企业建立富硒稻米产业示范基地,培育发展一批稻米加工企业向优质功能型稻米产业转型,实现稻米产业升级,打造优质功能性稻米品牌,提高市场竞争力。

五要加强宣传推广。加大对消费者富硒知识科普宣传,科学补硒,造福人民。

第三节 经验启示

"水稻提质增效营养富硒技术"是利用生物强化的原理,生产出高产质优、外观品质及食味值提升的功能性稻米。由富硒稻米加工成的富硒大米,硒含量比普通大米高6~9倍。富硒大米的米弹性强、适口性好、所含的有机硒易于被人体吸收,是一种安全、有效的保健型补硒农产品,因此其价格一般要比普通大米高50%甚至更多,市场前景十分诱人。除富硒大米外,水稻富硒栽培还可以促进大米加工产业的延伸,生产出一系列的富硒稻米产品,如营养更为丰富的富硒糙米、可作为动物饲料或生产富硒米糠油的富硒米糠,以及可用作富硒食品添加剂的富硒米胚芽等。"水稻提质增效营养富硒技术"不仅能提高稻米的品质,满足人们补硒的营养保健需要,而且还有利于我国的农业结构调整,促使农业生产进一步向优质、高产、高效、生态、安全的方向发展,促进农民增收、企业增效、人民增寿。"水稻提质增效营养富硒技术"具有较好的经济、社会和生态效益,以及广阔的发展前景,这将是促进乡村振兴、农业高质量发展和带动地方经济发展的有效途径。